职业技术教育与培训系列教材

# 中式烹调师
## 培训教程

主 编 孙 强

天津大学出版社
TIANJIN UNIVERSITY PRESS

**图书在版编目（CIP）数据**

中式烹调师培训教程／孙强主编. —天津：天津
大学出版社，2021.4
职业技术教育与培训系列教材
ISBN 978－7－5618－6918－5

Ⅰ.①中… Ⅱ.①孙… Ⅲ.①中式菜肴—烹饪—职业
培训—教材 Ⅳ.①TS972.117

中国版本图书馆 CIP 数据核字（2021）第 085379 号

| | | |
|---|---|---|
| **出版发行** | 天津大学出版社 |
| **地　　址** | 天津市卫津路 92 号天津大学内（邮编：300072） |
| **电　　话** | 发行部：022－27403647 |
| **网　　址** | www.tjupress.com.cn |
| **印　　刷** | 北京盛通商印快线网络科技有限公司 |
| **经　　销** | 全国各地新华书店 |
| **开　　本** | 184mm×260mm |
| **印　　张** | 7.125 |
| **字　　数** | 184 千 |
| **版　　次** | 2021 年 4 月第 1 版 |
| **印　　次** | 2021 年 4 月第 1 次 |
| **定　　价** | 23.00 元 |

亚洲开发银行贷款甘肃白银城市综合发展项目
职业教育与培训子项目短期培训课程课本教材

# 丛书委员会

主　　任　王东成

副 主 任　杨军平　　滕兆龙　　何美玲　　崔　政
　　　　　张志栋　　王　瑊　　张鹏程

委　　员　魏继昌　　李进刚　　雒润平　　卜鹏旭
　　　　　孙　强　　王兴礼

指导专家　高尚涛

# 本书编审人员

主　　编　孙　强

副 主 编　展　婷　　叶树虹　　张惠忠　　张帆忠
　　　　　杨军平

党的十八大以来，中央将精准扶贫、精准脱贫作为扶贫开发的基本方略。扶贫工作的总体目标是"到2020年确保我国现行标准下农村贫困人口实现脱贫，贫困县全部摘帽，解决区域性整体贫困"。新阶段的中国扶贫工作更加注重精准度，即将扶贫资源与贫困户的需求准确对接，将贫困家庭和贫困人口作为主要扶持对象，而不仅仅停留在扶持贫困县和贫困村的层面上。深入贯彻"精准扶贫"的理念和要求，推动就业创业教育，转变农村劳动力思想意识，激发农村劳动力脱贫内生动力，是扶贫治贫的根本。开展就业创业培训，提升农村劳动力的知识技能和综合素养，满足持续发展的经济形势及不断升级的产业岗位需求，是扶贫脱贫的主要途径。

近年来，国家大力提倡在职业教育领域实现《现代职业教育体系建设规划（2014—2020年）》（以下简称《规划》），规划要求"大力发展现代农业职业教育。以培养新型职业农民为重点，建立公益性农民培养培训制度。推进农民继续教育工程，创新农学结合模式。"2011年，甘肃省启动兰州－白银经济圈，试图通过整合城市和工业基地推动其经济转型。2018年，靖远县刘川工业园区正式被国家批准为省级重点工业园区，为推进工业强县战略奠定基础。为了确保白银市作为资源枯竭型城市转型成功，白银市政府实施了亚洲开发银行（以下简称亚行）贷款城市综合发展二期项目。在项目实施中，亚行及白银市政府高度重视职业技术教育与培训工作，并将其作为亚行二期项目中的特色，主要依靠职业技能培训为刘川工业园区入驻企业及周边新兴行业培养留得住、用得上的技能型人才，为促进地方经济顺利转型提供技术和人才保证。本次系列教材的组织规划正是响应了国家关于职业教育发展方向的号召，以出版行业为载体，构建完整的就业培训课程体系。

本教材是按照中华人民共和国人力资源和社会保障部制定的《国家职业技能标准》（2018年版）《中式烹饪师》（职业编码：4－03－02－01）国家职业能力标准五级/初级工的等级标准编写的。相应的课程是针对初级中式烹调师的培养设置的，它是其他专业课的总结提升，同时又与其他专业课相辅相成。本课程旨在培养学生具备一定的职业道德素质，了解餐饮服务与食品制作相关的法律知识，基本掌握烹调原料加工技术、烹调原料基础知识、一般菜肴的制作工艺，能够运用简单烹调基本技能，独立完成原料选择、加工、加热处理等厨房常规辅助工作。经过培训，学员能够掌握初级中式烹调师必备的基础知识和操作技能，能够独立上岗，完成简单的常规技术操作工作。在教学过程中，应以专业理论教学为基础，注重职业技能训练，注意"够用适度"原则。

本书中任务一由孙强编写，任务二中学习项目一由展婷编写，学习项目二由叶树虹编写，学习项目三由张惠忠编写，学习项目四由张帆忠和杨军平编写，全书由孙强统稿和定稿。

本书在编写过程中得到靖远县人力资源和社会保障局、靖远县职业中等专业学校和陕西琢石教育科技有限责任公司等单位和企业的领导、专家的大力支持和帮助，在此表示衷心的感谢。

限于编者水平，书中不足之处欢迎培训单位和学员在使用过程中提出宝贵意见，以臻完善。

编　者

2021 年 4 月

# 目 录 CONTENTS

# 任务一
# 冷菜制作与烹调

  冷菜也叫凉菜、冷荤，是菜品的组成部分之一。冷菜与热菜同样重要，是各类筵席所必不可少的。许多冷菜的烹制方法是热菜烹调方法的延伸、变革和交融，但又具有自己的特点。冷菜与热菜最明显的差异是热菜制作有烹有调，而冷菜可以有烹有调，亦可有调无烹。热菜烹调讲究一个"热"字，越热越好，甚至上桌后还要求滚沸；而冷菜，却讲究一个"冷"字，即便是滚热的菜，也须放凉之后才可装盘上桌。从客人接触菜肴的时间顺序来说，冷菜担负着先声夺人的重任，更适合刚入席时恭谦平和的场面，能使宾客在宴会高潮出现之前有一个适应过程。因为不必担心在一定时间里菜肴温度的变化，这就给摆盘时装饰点缀提供了时间保障，所以冷菜的拼摆也是一项专门的技术，如图1-1所示。冷菜是开胃菜，是热菜的先导，引导人们渐入佳境。

图1-1　冷菜拼摆展示

  如今，冷菜的吃法越来越普遍。尤其是在炎热的夏季，当人变得懒洋洋没有胃口的时候，一盘盘色彩艳丽、清凉开胃的冷菜，可让人食欲大增。冷菜可根据个人口味选材，或荤或素，也可荤素搭配。制作过程亦繁简由人，可即拌即吃，也可多做一些，供多餐享用。冷菜食材少不了蔬菜、菌类、豆制品等食材，这符合现代人要求油脂少、天然养分多的健康理念。不论男女老幼，都适合食用冷菜。希望人们健康合理地享用冷菜——吃出美味，吃出健康。

## 学习项目一　捞汁西葫芦的制作与烹调

### 任务描述

　　某酒店厨房收到餐饮部散客点餐通知，需要制作烹调凉菜捞汁西葫芦，数量1份，要求15分钟内完成，菜品如图1-1-1所示。

　　西葫芦是大家都很熟悉的一种蔬菜，常出现在我们的家庭餐桌上，用它制作和烹调菜肴相信大家都有自己最擅长的方法。但是今天我们需要和大家探讨的问题是，我们要制作和烹调这道捞汁西葫芦需要掌握哪些知识和技能呢？

图1-1-1　捞汁西葫芦

### 接受任务

　　冷菜配份出餐表如表1-1-1所示。

表1-1-1　冷菜配份出餐表（捞汁西葫芦）

| 菜名 | | 捞汁西葫芦 | 出餐时间 | 15分钟 |
|---|---|---|---|---|
| 台号 | | 08号台 | 装盘要求 | 凉菜盘，摆盘精美 |
| 调味品及要求 | | 海鲜捞汁50 g | | |
| 序号 | 主料 | 数量 | 辅料 | 数量 |
| 1 | 西葫芦 | 300 g | 装饰小花 | 1个 |
| | | | | |
| | | | | |
| | | | | |
| | | | | |
| | | | | |

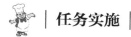 **任务实施**

任务明确，可以开始工作了!

## 步骤一 岗前准备

按照要求进行个人卫生、着装、仪容仪表和操作环境准备。

### 知识链接一 中式烹饪师的岗前准备

中式烹饪师主要从事食品加工工作，每天接触食品，因此个人卫生及作业环境卫生将直接或间接影响食品质量。因此，中式烹饪师在上岗前必须提前做好相关的岗前准备工作，以确保厨房生产工作能够顺利进行。

#### 一、人员的准备

1. 个人卫生

（1）坚持"四勤"。中式烹饪师在生活习惯方面应做到勤洗手和剪指甲，勤洗澡和理发，勤洗衣服和被褥，勤换工作服和毛巾。保持双手的清洁卫生对中式烹调师来说尤为重要。中式烹饪师在工作前必须用香皂或洗手液和流动水洗手，洗手要按规范程序进行。接触直接入口食品的工作人员，还要进行手部的消毒。

（2）严格遵守生产经营场所卫生规程。

①工作期间严禁在操作间内吃东西、吸烟或随地吐痰。

②工作期间不能挖鼻孔、掏耳朵、剔牙。

③不允许对着食物打喷嚏。

④品尝食品要用专用的勺、碟。

⑤私人物品应存放在更衣室内，不得带入操作间，以防污染食品。

⑥制作冷菜的操作人员要佩戴口罩和专用手套。

⑦擦手布要随时清洗，不得一布多用，以免交叉污染。

⑧消毒后的餐具不要再用抹布擦拭。

⑨操作时不得戴戒指、手镯、手链等饰品，不允许涂抹指甲油。

2. 工服的穿戴

（1）厨师帽。厨师帽的种类有很多种，但是厨师帽必须佩戴规范，并保持干净、整洁、美观。人员上岗前应将头发全部包在帽内，调整至松紧适宜状态，如图1-1-2所示。

图1-1-2 厨师帽的佩戴

（2）厨师服。中式烹饪师一般配备有冬装与夏装厨师服，上岗前应在更衣室内规范穿着厨师服，严禁穿着厨师服外出。

厨师服应勤更换、勤洗涤，要保持厨师服洁白、平整、干净、无破损、无异味。厨师服应纽扣齐全，不得用其他装饰物代替纽扣，领口纽扣要扣紧，袖口要整齐，如图1-1-3所示。

（3）汗巾。汗巾的主要功能是吸汗，因为中式烹饪师在较高温度的厨房工作时会出汗，配备汗巾以供烹饪师擦汗使用。汗巾必须按照正确方法佩戴，熨烫平整，无破损、无污迹、无异味，如图1-1-4所示。

（4）围裙。围裙应保持干净、整洁、清爽，无破损，穿戴于腰部位置，如图1-1-5所示。

图1-1-3　厨师服的穿着　　图1-1-4　汗巾的佩戴　　图1-1-5　围裙的穿戴

（5）工作裤。工作裤应按规范穿着，保持干净整洁、熨烫平整，无污迹、无皱褶、无异味。另外，工作裤必须是长裤，裤脚不能露袜子口。

（6）工作鞋。中式烹饪师需穿具有防滑耐磨功能的工作鞋。工作鞋要能够包裹整个脚部，同时需要保持干净整洁。中式烹饪师工作期间严禁穿拖鞋、高跟鞋、凉鞋等进入工作区域。

（7）工作袜。袜子颜色应为黑色或深蓝色，无破洞，干净整洁。

3. 仪容仪表

（1）头发。

男士头发要求短发，修剪整齐，长度前不过眉，侧不过耳，后不盖领；女士头发要求前不遮眼，侧不盖耳，后不过肩，头发修剪整齐，长头发应绑起或盘起，禁止披长头发或扎长辫进入厨房。男、女士头发应干净无头屑，发型美观大方。

（2）面部。

①直接接触食品的员工面部必须干净，女士不许化妆，男士不许留胡须及长鬓角。

②开放式操作间和直接接触客人的操作人员必须戴口罩。

③牙齿洁净，口腔清新无异味（上岗前不应吃有刺激性气味的食物）。

（3）手部。

①手部表面应干净、无污垢。

②指甲外端不准超过指尖，指甲内无污垢，不准涂指甲油。

### 二、环境准备

因生产的特殊性，每次工作完成后都要对厨房做卫生清洁和安全检查工作。尽管如此，也可能出现蟑螂等有害生物造成的工作环境污染，有时还可能出现设备电线破损等现象，造成一定的安全隐患。因此，工作前进行环境检查是必不可少的。

1. 卫生检查

上班前应对厨房初加工间、切配间、冷菜间、烹调操作间、面点间、主食间和洗涤间等进行卫生检查，重点做好地板、工作台面、橱柜层架、下水沟的相关检查工作，如果前一天对厨房进行了灭蟑、灭鼠等工作，要及时清除遗留物，并做好操作台面的卫生清洁工作。

2. 安全检查

厨房是加工食品的综合性生产场所，由于饮食产品种类繁多，工艺多样，人员密集，涉及各种类型的设备和工具，因此在生产过程中存在多种安全隐患。应从以下两方面做好检查工作。

（1）厨房操作场地检查。检查是否有地面积水、水沟盖没有盖严等情况。检查是否有货架堆放的物品过高容易倾倒等情况。发现安全隐患要及时排除，以确保厨房工作人员的人身安全。

（2）厨房电器设备检查。因厨房湿度大且油烟、蒸汽较浓，电器设备经过长期使用后可能出现老化现象，如果不及时修复或更换，可能会出现触电事故；也有可能因老鼠咬破电器设备的电线绝缘皮，出现漏电事故。因此，厨房工作人员在上班前必须对电器设备进行安全检查，以确保厨房生产安全。

3. 厨房环境要求

由于各岗位在备餐过程中有可能发生烹饪原料撒落、设备或工具未能及时放置在指定位置等情况，造成厨房环境杂乱，因此在正式工作前必须先解决厨房环境问题，确保厨房环境整洁、通道畅通，这样才能够使各项工作高效、有序地进行。

## 步骤二　食材的初加工

挑选新鲜西葫芦一只，先将西葫芦切去头尾，清洗后削或刨去外皮，用清水洗干净，如图1-1-6所示。

图 1-1-6　西葫芦的初加工

### 知识链接　果蔬原材料的初加工

对果蔬类原料的初加工，要根据果蔬类原料的特点和原料初加工的要求和原则，选择适当的加工方法。果蔬类原料初加工的主要方法包括择剔、削剔加工和浸泡、洗涤加工。

#### 一、果蔬原料初加工的质量要求

1. 根据果蔬的基本特性加工

果蔬因产地的不同和食用部位的不同，有着不同的特性。加工果蔬原料时应熟悉其质地，合理加工，从而获取净料。如叶菜要去老叶、老根；根茎类菜要去除表皮，洗去泥沙；果菜类菜要去掉外皮及果心等。

2. 根据烹饪和食用的要求加工

果蔬加工要根据烹调加工方式的不同，采用不同的初加工方法，以利于进一步烹调加工。应根据成菜要求，选用不同部位的原料，满足菜品的需求。如大白菜的帮叶、菜心均可食用，制作开水白菜时应选用白菜心，制馅时应选取白菜的帮和外叶。果蔬的枯黄叶、老叶、老根以及不可食用的部分必须清除干净，以确保菜品的色、香、味、形不受影响。

3. 根据清洁卫生、食用安全的要求加工

蔬菜在种植、采摘、运输过程中，会携带一些不符合食用要求的物质，要采取适当的方法去除泥土、杂物、虫卵等，然后洗涤，确保原料符合饮食卫生要求。另外，清洗后的果蔬原料应注意保存，防止二次污染。

4. 根据合理取舍、保持营养的要求加工

果蔬加工要避免浪费，要尽量保留可食用部分，降低成本。加工后的果蔬原料要合理利用，同时防止原料产生不良变化。为保持果蔬原料的营养成分，在保证清洁卫生的情况下要尽量减少浸泡的时间，要做到原料先洗后切，切后即用。

## 二、果蔬原料初加工的方法

根据果蔬的原料品种，选用正确的初加工方法和食用部位是烹制好菜肴的前提。果蔬原料的初加工方法主要包括择剔加工、削剔加工和浸泡、洗涤加工等。

### 1．择剔加工

择剔加工是将枯黄叶、老根、杂物等不可食用的部分择除，并清除泥沙等污物。

### 2．削剔加工

对于根茎类和瓜果类蔬菜原料，一般需先切除掉头尾和根须，然后清洗，再进行去皮加工。常用的去皮方法是削剔去皮法，即用刀削去不能食用的部分。对于个别处理好的原料要注意防止氧化出现褐变情况，一般需将处理好的原料浸泡在清水中，使用时再取出。

### 3．浸泡、洗涤加工

（1）冷水洗涤。将择剔后的果蔬放入清水中稍浸泡，洗去叶面上的泥土等污物，再反复清洗干净。这种方法是最常用的洗涤方法之一，主要用于叶菜类，如菠菜、生菜、空心菜、小白菜等。

（2）盐水洗涤。此方法适用于秋冬季节性蔬菜的洗涤。此时的蔬菜叶子或叶柄表面带有虫卵或腻虫，单纯用冷水洗涤很难将之清除，采用盐水洗涤则可以有效地洗掉污物。

（3）洗涤剂洗涤。现在市面上有各种用于果蔬洗涤的洗涤剂，使用时，应先将洗涤剂进行稀释后再洗涤果蔬，洗涤后用清水再次浸泡清洗。

## 步骤三　加工制作

用专用刀具将西葫芦切制成长丝状，做摆盘前准备，如图 1 - 1 - 7 所示。

图 1 - 1 - 7　西葫芦的加工制作

## 步骤四　西葫芦丝的摆盘

将加工好的西葫芦丝摆盘，如图1-1-8所示。

图1-1-8　摆盘

### 知识链接　单一主料冷菜的拼摆及成形

单一主料冷菜的拼摆在行业中应用普遍，它方便快捷、整齐美观，适用于位餐，尤其是在大型会议餐中应用较多。单一主料冷菜又叫单盘、独碟，就是在盘中整齐地拼摆一种冷菜主料，一般拼成馒头形、桥形、扇形等，有对拼、三色排拼和四色排拼等多种拼法，如图1-1-9所示。

图1-1-9　冷菜的拼摆及成形

拼摆单一主料冷菜应注意以下几点。

（1）选择的原料要具有可食用性，便于刀工成形和拼摆。

（2）掌握好拼摆技巧，拼摆时软硬面要很好地结合。

（3）拼摆时原料色彩搭配要协调。

（4）拼摆成形后，根据需要在盘中空隙处或适当位置进行恰当点缀，起到画龙点睛的作用。

（5）拼盘时要严格讲究卫生。

（6）在拼摆的过程中要合理用料，使原料物尽其用。

## 步骤五　烹饪制作

将海鲜捞汁 50 g、青芥辣 5 g 混合调匀制成调味汁，淋浇在已装盘的西葫芦丝上，捞汁西葫芦制作完成，如图 1 – 1 – 10 所示。

图 1 – 1 – 10　烹饪制作

### 知识链接　冷制冷食菜肴制作

冷制冷食菜肴就是将经过初步加工的冷菜原料调制成在常温下可以直接食用的菜品。制作此类菜肴的烹饪方法主要有拌、炝、腌等。

#### 一、拌制菜的制作

拌是指将生料或者晾凉的熟料，经过刀工处理成丝、丁、片、块、条等形状，用调味品拌制成菜的烹调方法。

1. 拌制菜的工艺流程

（1）选料加工。拌制菜肴应选择新鲜无异味、受热易熟、质地细嫩、滋味鲜美的原料。对于动物性原料，要去尽残毛，洗净血水，去除异味；对于植物性原料，要削皮去核，清洗干净；对于干货原料，要选用适宜的涨发方法，掌握适合拌制的涨发程度。

（2）拌前处理。原料拌前处理对凉拌菜肴的风味特色有直接影响。拌前处理方法有以下几种。

①炸制。炸制适用于肉类、鱼虾、豆制品和淀粉含量较大的蔬菜等原料。原料经炸制再凉拌的菜肴具有质地酥脆、口味浓厚的特点。

②煮制。煮制是拌制前最普遍的处理方法。原料经煮制再凉拌的菜肴有质感细嫩、鲜

香醇厚的特点。煮制适用于禽、畜肉及其内脏、笋类、鲜豆类等原料。

③焯水。焯水是拌制前最常用的处理方法。原料焯水再凉拌的菜肴具有色泽鲜艳、质感脆嫩、清香爽口的特点。焯水适用于脆嫩的蔬菜类原料和海鲜原料。

④氽制。氽制后凉拌的菜肴具有色泽鲜明、脆嫩柔和、香鲜醇厚的特点。氽制适用于肚类、鸡鸭肫、猪腰、鱿鱼、墨鱼、海螺等原料。

⑤腌制。腌制也是拌制前常用的处理方法。用食盐腌制一段时间，可以排出原料部分水分，再加入其他调味料拌制成菜。腌制凉拌菜具有清脆入味、鲜香细嫩的特点。

⑥蒸制。有些原料拌制前可先将其蒸熟，待放置凉后再拌制，如拌茄子、蒜泥菜豆等。

（3）装盘调味。凉拌菜肴的味型较多，常用的有咸鲜味、芥末味、糖醋味、鱼香味、酸辣味、麻辣味、椒麻味、蒜泥味、姜汁味、红油味、麻酱味等。装盘调味的方式有以下几种。

①拌味装盘。拌味装盘是指将菜肴原料与调味汁拌制均匀后装盘成菜的方式，是拌制菜肴最常用的方法。拌味装盘多用于不需拼摆造型的菜肴，要求现吃现拌，不宜久放，否则会影响菜肴的质量。

②装盘淋味。装盘淋味是指将菜肴装盘上桌，开餐时再淋上调制好的调味汁，由食用者自拌而食的方式。这种方式既可以体现凉菜的装盘技术，又可以保证成品菜的色、味、形、质俱全。

③装盘蘸味。装盘蘸味是指将多种原料盛于一盘或一种原料多种吃法的装盘方式。这种方式应根据原料的性质选用多种相宜的复合味。调味汁需要分别盛入配制好的味碟，与菜肴同时上桌，由食用者自选蘸食。

2. 拌制菜的技术关键

（1）拌制菜用油应选择熟制、凉透的植物油。

（2）对于熟处理后的原料，要待其凉透后才能进行刀工处理，刀工要精细，并且要注意操作时的卫生。

（3）油炸前原料要一次性投入，以保证色泽和质感一致。

（4）适合焯水的原料大都属于新鲜细嫩、受热易熟的蔬菜。焯水时，水量要多些，沸水下料，焯水操作速度要快，以保持原料的色泽和质感。

（5）在腌制的原料中放入食盐并搅拌均匀即可，不得反复搅拌，以免影响菜品色泽和质感。

（6）凉拌菜肴味型必须合理准确。

## 二、炝制菜的制作

炝是把具有挥发性的调味品加入原料中，静置片刻，入味成菜的烹调方法。

1. 炝制菜的工艺流程

1）选料切配

炝制的原料应选用新鲜、细嫩、富有质感特色的原料。刀工处理以丝、段、片和自然形态为主。

2）初步熟处理

初步熟处理有以下几种方式。

①滑油：将鸡、虾、鱼等原料上浆拌匀，放入 100℃ 的热油中滑至嫩熟，晾凉。

②焯水：将植物性原料和少数动物性原料焯水至断生，捞出过凉。

③汆烫：将质地脆嫩的动物性原料（如腰花、乌鱼花等）放入沸水中汆烫至嫩熟。

2. 炝制菜的技术关键

（1）刀工成形要均匀一致。

（2）初步熟处理时要掌握好原料的成熟度。

（3）掌握好炸制花椒、辣椒时的油温。

（4）动物性原料以趁热炝制为好，以使原料充分入味；蔬菜类原料一般晾凉后炝制。

（5）菜肴炝制后，应稍等片刻，待充分入味后，再装盘成菜。

### 三、腌制菜的制作

腌制是以食盐为主要调味品，将原料浸泡一段时间，以排出原料内部水分，经静置入味成菜的烹调方法。

1. 腌制菜的工艺流程

（1）选料加工。腌制菜肴应选用新鲜度高、质地细嫩、滋味鲜美的原料。腌制菜的形状一般以丝、片、块、条和自然形状为主。

（2）调味腌制。腌汁一般有两种，一种是直接调制而成的，另一种是加热调制晾凉而成的。味型主要有咸鲜味、咸甜味、咸辣味、五香味等。将加工好的原料直接加入调制好的味汁中，腌制一段时间，即可取出食用。

2. 腌制菜的技术关键

（1）未经刀工处理就盐腌的原料，撒盐要均匀，盐腌的中途要不时翻动，使食盐渗透均匀。有的盐腌原料，要先用食盐腌制，控干水分，再将食盐及所需调味品调制均匀，然后与原料一同腌制，这样既节约调味品，又有良好的质感和调味效果。

（2）将酒腌的原料清洗干净，以保证卫生质量，这也是保证色、味的重要措施。酒腌过程中，容器要封严盖紧，原料要腌制到一定时间才能食用。

（3）腌这种烹调方法与一般食品店的腌制方法要区分开，饭店、餐厅的腌制有取料新鲜、调味丰富、随腌随食的特点。

 **考核评价**

捞汁西葫芦的制作与烹调过程考核评价表

| 学习项目1-1　捞汁西葫芦的制作与烹调 | | | | | |
|---|---|---|---|---|---|
| 学员姓名 | | 学号 | 班级 | | 日期 |
| 项目 | 考核项目 | 考核要求 | 配分 | 评分标准 | 得分 |
| 知识目标 | 果蔬原材料的初加工技术要求 | 掌握果蔬原材料的初加工 | 10 | 对不同果蔬菜品的品质鉴别和初加工处理方法，错误一项扣2分 | |
| 知识目标 | 常见冷制冷食菜肴的加工要求及制作方法 | 掌握常见冷制冷食菜肴的加工要求及制作方法 | 10 | 对常见冷制冷食菜肴加工制作方法叙述不清楚扣5分 | |
| 知识目标 | 单一主料冷菜装盘的方法及技术要求 | 掌握单一主料冷菜装盘的方法及技术要求 | 10 | 对常见冷菜装盘拼摆形状美观程度客观评判，根据拼摆样式差别酌情扣分，最多扣2分 | |
| 能力目标 | 对果蔬类原料进行品质鉴别、选择及清洗整理等加工 | （1）不同果蔬的品质鉴别及选择；（2）不同果蔬的清洗及初加工 | 20 | （1）对果蔬的品质鉴别及选择，判断错误一次扣3分；（2）对不同果蔬的清洗方式及初加工要求不合格者扣4分 | |
| 能力目标 | 运用炝、拌、腌等常见烹调方法制作冷制冷食菜肴 | （1）能正确对果蔬进行炝、拌、腌处理；（2）能够掌握不同果蔬的炝、拌、腌等烹调方法 | 20 | （1）不能正确对果蔬进行炝、拌、腌处理，扣5分；（2）不能正确对不同果蔬进行不同炝、拌、腌处理的，扣5分 | |
| 能力目标 | 进行单一主料冷菜的拼摆，使之成形 | 能够进行单一主料冷菜的拼摆，使之成形 | 10 | 单一主料冷菜的拼摆操作关键点不熟练，每项扣2分 | |
| 方法及社会能力 | 过程方法 | （1）学会自主发现、自主探索的学习方法；（2）学会在学习中反思、总结，调整自己的学习目标 | 10 | 在工作中能反思，有创新见解，能自主发现、自主探索，酌情给5~10分 | |
| 方法及社会能力 | 社会能力 | 小组成员间团结、协作，共同完成工作任务，养成良好的职业素养（工位卫生、工服穿戴等） | 10 | （1）工作服穿戴不全扣3分；（2）工位卫生情况差扣3分 | |

（续表）

| | 学习项目 1-1 捞汁西葫芦的制作与烹调 |
|---|---|
| 实训总结 | 你完成本次工作任务的体会（学到哪些知识，掌握哪些技能，有哪些收获）： |
| 得分 | |

## 工作小结 捞汁西葫芦的制作与烹调工作小结

（1）我们完成这项学习任务后学到了什么知识和技能？

_____

_____

_____

_____

_____

_____

_____

（2）我们还有哪些地方做得不够好？我们要怎样努力改进？

_____

_____

_____

_____

_____

_____

# 学习项目二 凉拌牛肉的制作与烹调

## 任务描述

某酒店厨房收到餐饮部散客点餐通知，需要制作烹调凉菜凉拌牛肉，如图 1 - 2 - 1 所示，数量为 1 份，要求 15 分钟内完成。

牛肉是很多人喜爱的肉类之一，也是中国人消费的主要肉类，其消费量仅次于猪肉。牛肉富含蛋白质，它的氨基酸组成比猪肉更接近人体需要，能提高机体抗病能力，补充失血、修复组织，特别适合生长发育及术后、病后调养的人食用。寒冬食牛肉可暖胃，牛肉是该季节的补益佳品；同时，牛肉脂肪含量低，味道鲜美，深受人们喜爱。今天我们的任务是，通过制作烹调这道凉拌牛肉，学习并掌握一些关于中式烹调师需要的知识和技能。

图1-2-1 凉拌牛肉

## 接受任务

冷菜配份出餐表如表 1 - 2 - 1 所示。

表 1 - 2 - 1 冷菜配份出餐表 （凉拌牛肉）

| 菜名 | | 凉拌牛肉 | 出餐时间 | 15 分钟 |
|---|---|---|---|---|
| 台号 | | 08 号台 | 装盘要求 | 使用凉菜盘，摆盘精美 |
| 调味品及要求 | | 食盐、生抽、米醋、香油、辣椒油等 | | |
| 序号 | 主料 | 数量 | 辅料 | 数量 |
| 1 | 卤牛肉 | 300 g | 小葱 | 适量 |
| 2 | | | 小米椒 | 适量 |
| 3 | | | 装饰小花 | 1 个 |
| | | | | |
| | | | | |

 **任务实施**

任务明确，可以开始工作了!

## 步骤一　岗前准备

按照要求进行个人卫生、着装、仪容仪表和操作环境准备。

## 步骤二　操作工具准备

按照切制片状牛肉的要求，准备好刀具、砧板、餐盘、废料盆和抹布。刀具和砧板如图1-2-2所示。

图1-2-2　刀具和砧板

### 知识链接一　分割取料概述

中国烹饪工艺中"分割取料"技术是一项重要技能，它与菜肴质量有着密不可分的关系，也是学习中式烹调技术必须掌握的一项基本技能。

#### 一、分割取料的定义

分割取料包括分割、剔骨与取料三个部分。

分割是指根据整形烹饪原料不同部位的质量等级，使用不同的刀具和方法对其进行有目的的切割与分类处理，使其符合烹饪的要求而成为具有相对独立性的更小单位和部件。

剔骨整理是指在动物性原料分割过程中对需要进行肌肉、脂肪与骨骼分离的原料实施分离处理，并按不同部位或质量等级进行分类整理。

取料就是依据原料各部位的品质特性和烹制菜肴的要求，从原料中取出相适应的部分，为菜肴提供最佳的原料。

## 二、分割取料的作用

### 1. 保证菜肴的质量，突出菜肴的特点

由于动物性原料各部位肉的品质不同，而烹调方法对原料的要求也多种多样，因而，在选择原料时，就必须选用其不同部位，以满足烹制不同菜肴的需要，这样才能保证菜肴的质量，突出菜肴的特点。如广东名菜"咕咾肉"就应选用猪上脑肉，四川名菜"回锅肉"就应选用猪坐臀肉，淮扬名菜"镇江肴肉"就应选用猪的前蹄，否则就达不到菜肴的质感及特色要求。

### 2. 保证原料的合理使用，做到物尽其用

根据原料各个部位的不同特点（质量）和烹制菜肴的多种多样的要求，选用相应部位的原料，不仅能使菜肴具有多样化的风味和特色，而且能合理地使用原料，物尽其用。

## 三、分割取料的工具

分割取料的工具包括刀具和砧板。刀具的种类有很多，形状、功能各异，为了适应不同种类原料的加工要求，烹饪师必须掌握各类刀具的性能和用途。选择相应的刀具，才能保证原料成型后的规格和要求。

### 1. 刀具的种类

（1）片刀。

片刀质量为 500 ~ 750 g，刀身轻薄，刀刃锋利，使用灵活，是切、劈的重要工具，如图 1-2-3 所示。

片刀适用于将无骨的动植物原料加工成丁、丝、条、片等形状，如鱼片、肉丝、鸡丁等。

（2）切刀。

切刀刀身比片刀略厚、略宽、略重一些，使用范围广，如图 1-2-4 所示。

切刀既能将无骨的原料加工成丝、丁、条、块等形状，又能加工略带碎小或质地稍硬的原料。

图1-2-3 片刀　　　　图1-2-4 切刀

（3）砍刀。

砍刀比片刀和切刀重，约为1 kg，刀背、刀膛较厚，是砍、劈的重要工具，如图1-2-5所示。

砍刀适用于砍劈带骨或者质地坚硬的原料，也常用于带骨原料的分档取料，如鸡、鸭、鹅、排骨、猪蹄等。

（4）前劈后砍刀。

前劈后砍刀质量约为750～1000 g，刀锋锋利，中前端接近于片刀，刀刃后端厚且钝，接近于砍刀，如图1-2-6所示。

前劈后砍刀中前端适用于砍无骨的动植物原料，后端适用于切分形体较小的带骨原料，如鸡、鸭、鱼等。

图1-2-5　砍刀　　　　　　　图1-2-6　前劈后砍刀

（5）特殊刀具。

特殊刀具普遍刀身窄小，刀刃锋利，轻便灵活，外形各异，用途广泛，如图1-2-7所示。

特殊刀具适用于各种原料的初加工，或特定原料、菜肴的加工。

 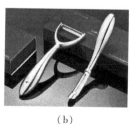  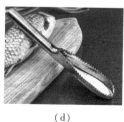

（a）　　　　　　（b）　　　　　　（c）　　　　　　（d）

图1-2-7　特殊刀具

（a）剪刀；（b）刮皮刀；（c）挖球刀和刻花刀；（d）刨刀

2. 刀具的打磨

（1）磨刀的站姿。磨刀时两脚分开，一前一后，前腿弓，后腿绷，胸部略向前倾，收腹，重心前移，双手持刀，目视刀锋口。

（2）磨刀的方法。

①将磨石平稳地放在磨石专用架上，放平或前面略低、后面略高。

②磨石放置的高度应为操作者身高的一半，以操作方便、运用自如为标准。

③磨刀前，要去掉刀面油污。磨刀时一手握住刀背前端直角部位，一手握住刀柄前端，双手持稳刀，将刀身端平，刀刃朝外，刀背向里，刀刃与磨石表面夹角一般为3°~5°，如图1-2-8所示。

图1-2-8　磨刀

（3）磨刀的运行方式。

①磨刀必须按一定程序进行，向前平推至磨石尽头，然后向后提拉，始终保持刀与磨石的夹角不变，切忌忽高忽低。前推或后拉时，用力要平稳、均匀、一致。

②磨刀石表面起沙浆时须淋水再磨。磨刀重点放在刀刃部位，刀刃的前、中、后部都要磨均匀。

③刀具的一面打磨多次后，再换手持刀，磨另一面，两面磨的次数要基本一致。这样反复几次，直到刀刃锋利，锋面平直，符合要求。

④刀刃的检验。检验刀磨得是否合格，可用大拇指在刀刃上轻轻横刮几下，如感觉比较毛糙，表明刀刃锋利（注意不可用力过大或直刮刀刃，防止受伤）。

3. 砧板的鉴别、使用与保养

（1）木质砧板的鉴别。餐饮行业中原木砧板是较常用的，选用柳树木、椴树木、银杏树木、榆树木、橄榄树木等作为材料加工而成。优质的木质砧板应符合以下特点。

①树质坚实、木纹细腻、密度适中、弹性好，不易损伤刀刃。矩形砧板尺寸一般以15 cm×25 cm为宜，圆形砧板直径以30~45 cm为宜。

②材料树皮完整，树心不空、不烂、不结疤。

③木材以切面新鲜，颜色均匀，无霉斑的质量为好。

（2）砧板的使用。

①应均匀使用砧板的整个平面，防止造成砧板表面凹凸不平。

②砧板的摆放要平稳牢固，着力要实，防止滑动。

③根据原料的不同性质选用不同的砧板。

④加工有异味或有黏液的原料后，要及时处理砧面，防止原料串味或滑动。

（3）砧板的保养。

①将砧板放在浓度为40%左右的浓盐水中浸泡数小时或放入锅内加热煮透。每隔一段时间重复以上操作。

②砧板使用后，要用清水或碱水刷洗，刮净油污，保持清洁，洗净后要竖放以利于通风，防止砧面腐蚀。

③切忌在太阳下暴晒，如果发现其表面凹凸不平，要及时修正、刨平，保持砧面平整。

### 四、分割取料在烹饪中的运用

#### 1. 便于烹调

烹饪原料经过分割处理后成块、片、丝、条、丁、粒、末等形态，其大小、厚薄、长短应按照菜肴要求的规格，以便烹调时可在短时间内迅速均匀受热，达到便于烹调的要求。

#### 2. 便于入味

如果整料或大块原料直接烹制，加入的调味品大多停留在原料表面，不易渗透到原料内部，会形成食物味感外浓内淡甚至无味的现象。如果将原料切成小块，或在较大的原料表面上划刀纹，就可以使调味品渗入原料内部，烹制后的菜肴内外口味一致，香醇可口。

#### 3. 便于食用

经过切割处理将原料由大变小、由粗改细，然后按照制作菜肴的要求加工成各种形状，烹制成菜肴，这样更容易取食和咀嚼，也有利于人体消化吸收。

#### 4. 整齐美观

烹饪原料经过分割处理，会使菜肴外形协调美观，例如：运用剞（jī）刀法在原料上剞上各种花刀纹，经加热后，原料便会卷曲成美观的形状，使菜肴外形更加丰富多彩，赏心悦目。

## 步骤三　牛肉的切片

取卤制好的牛肉一块，用刀顺着牛肉纹理的横切面，把牛肉切成片状待用，如图1-2-9所示。

图1-2-9　牛肉切片

### 知识链接　刀工基础

中国烹饪三大要素中就有"刀工"要素之说，只有用精湛的刀工将烹饪原料加工成符合烹调和食用要求的形状，才能烹制出美味可口的菜肴，并加以美化，给人以美的享受。

#### 一、刀工及刀法

1. 刀工的概念

刀工是根据烹调和食用的需要，把不同质地的烹饪原料加工成适合烹调需要的各种形状的技术。

2. 刀法的概念及类型

刀法是根据烹调和食用的要求，将各种原料加工成一定形状时所采用的行刀技法。依据刀身与原料的接触角度，刀法可以分为直刀法、平刀法、斜刀法和其他刀法四大类型。

（1）直刀法。直刀法是刀刃朝下，刀与原料或砧板平面垂直的一类刀法。按用力的大小和手、腕、臂膀运动的方式又可分为切、剁、砍等。

1）切法。切是烹饪活动中使用最多的刀法，是刀与砧板、原料保持垂直上下运动的技法。切时，以腕力为主，小臂为辅运刀，适用于加工植物性和动物性无骨原料。切法根据运刀方向的不同，又可分为直切、推切、拉切、锯切、铡切、滚料切等。

①直切。直切又称"跳切"，是运刀方向直上直下的切法。操作时，通过刀对原料施加的压力和刀自身下落的重力将原料切断，其力量小而猛，一般适用于加工脆嫩的植物性原料，如黄瓜、莴笋、萝卜、莲藕、菜头等。

②推切。推切是指运刀方向由刀身的右后上方向左前下方推进的切法，用推力和压力的合力将原料切断，一推到底，力量大而缓，适于加工各种韧性原料，如牛（羊、猪）肉、猪肚等，以及细嫩易碎、体积薄小的原料，如肝、腰、豆腐干、大头菜等。

③拉切。拉切又称拖刀切，用力方法与推切相似，只是向前推力改为向后拉力，刀的着力点在前端，运刀方向由左前上方向右后下方拖拉的刀法，适用于加工体积薄小、质地细嫩、韧性较弱的原料，如鸡脯肉、嫩瘦肉、黄瓜等。

④锯切。锯切又称为推拉切，是推切和拉切的交替运用，前后来回推拉，一推一拉如拉锯般切断原料的方法，用力比推切和拉切更平缓。锯切适用于加工质地坚韧或松软易碎的原料，如面包、蛋糕、熟火腿、熟酱肉、卤牛肉等。

⑤铡切。刀与原料或砧板垂直，刀刃的中端或前端对准被切原料，两手同时用力或单手用力压切下去断料的方法，又可细分为：交替铡切法、击掌铡切法和平压铡切法。铡切须用右手握刀柄、左手按住刀背前部，用力向下切断原料。铡切适用于加工带壳、体小圆

滑、略带小骨的原料，如花椒、熟蛋、烧鸡、蟹等。

⑥滚料切。滚料切又称滚刀切、滚切，刀与砧板面垂直，左手持料有规律地朝一个方向滚动，原料每滚动一次，刀作直切或推切一次，将原料切断。滚刀切适用于加工圆形或圆柱形的脆性原料，如莴笋、土豆、黄瓜、胡萝卜等。

2）剁法。用力于小臂，刀刃距原料 5cm 以上垂直用力，迅速使原料断离。根据用力的大小，剁法可分为排剁、直剁、刀尖剁等。

①排剁。操作时要求两手各持一刀，两刀呈八字形，与砧板面垂直，上下交替运动。这种刀法加工效率较高。

②直剁。操作时要求刀与砧板面垂直，刀上下运动，抬刀较高，用力较大。这种刀法主要用于将原料加工成末的形状。

③刀尖剁。操作时要求刀垂直上下运动，用刀尖或刀尾部在片状原料上剁出许多均匀的刀缝，来斩断原料中的筋膜，防止原料因受热而卷曲变形，同时也便于调料渗透，以及扩大受热面积。

3）砍法。砍又称劈，是直刀法中用力和刀的运动幅度最大的一种刀法，一般适用于加工质地坚硬或带大骨的原料，也可用于加工整料。

①直刀砍。操作时，左手扶稳原料，右手将刀举起，刀上下垂直运动，对准原料被砍的部位，用力挥刀向下直砍，使原料断开。这种刀法主要用于将原料加工成条、块、段等形状，也可用于分割形体较大的带骨原料。

②跟刀砍。操作时，左手扶稳原料，刀刃垂直嵌牢在原料被砍位置内，刀运行时与原料同时上下起落，使原料断开。这种刀法主要用于将不易切断的原料加工成块的形状。

③拍刀砍。操作时，右手持刀，并将刀刃架在原料要被砍的位置上，左手或半握拳或伸平，用掌心或掌根拍击，将原料砍断。这种刀法主要用于把原料加工成整齐、均匀、大小一致的块、条、段等形状。

（2）平刀法。平刀法是指刀与砧板面平行呈水平运动的技法。这种刀法可分为平刀直片、平刀推片、平刀拉片等。

①平刀直片。操作时，刀膛与砧板面平行，刀做水平直线运动，将原料一层层地片开。运用这种刀法主要是将原料加工成片的形状。在平刀直片的基础上，再运用其他刀法加工成丁、粒、丝、条、段或其他几何形状。

②平刀推片。平刀推片通常分为上推片法与下推片法两种，操作时要求刀膛与砧板面保持平行，刀从右后方向左前方运动，将原料一层层片开，这种刀法主要用于把原料加工成片的形状。在平刀推片的基础上，运用其他刀法可将原料再加工成丝、条、丁、粒等形状。

③平刀拉片。这种刀法在操作时要求刀膛与砧板面平行。刀从左前方向右后方运动，一层层将原料片开。此法主要是将原料加工成片的形状。在平刀拉片的基础上，运用其他

刀法可将原料加工成丝、条、丁、粒等形状。

（3）斜刀法。斜刀法是一种刀与砧板面呈斜角，刀做倾斜运动将原料片开的技法。这种刀法按刀的运动方向可分为斜刀拉片、斜刀推片等。

①斜刀拉片。操作时，刀身倾斜，刀背朝右前方，刀刃自左前方向右后方运动，将原料片开。

②斜刀推片。操作时，刀身倾斜，刀背朝左后方，刀刃自左后方向右前方运动。应用这种刀法主要是将原料加工成片的形状。

（4）其他刀法。平刀法、直刀法、斜刀法之外的刀法统称为其他刀法。其他刀法中的绝大多数属于不成形刀法，而不是刀工的主体，大多数是作为辅助性刀法使用的。

①拍。刀身横平猛击原料，用力在原料上拍打，将原料拍松，使之松裂，或将较厚的韧性原料拍成薄片。拍适用于加工纤维较长、较为紧密的原料，如姜块、茭白、瘦肉等。

②削。左手持原料，右手持刀，将刀对准要削去的部位，刀刃向外或向里、一刀一刀按顺序削，常用于原料的清理加工。削又分为直削与旋削两种，后者常用于圆形瓜果与蔬菜。

③剔。刀尖贴骨运行，使骨与肉分离，多用于动物性烹饪原料的分割拆卸加工。

④刮。刀身垂直，紧压原料，做平面横向运行，适用于去除附着于原料表面的骨膜及皮层毛根。如制鱼茸、鸡茸时常用这种刀法。

⑤塌。刀身一侧紧压原料，斜刀做平面推进，将原料碾压成泥。细嫩柔烂的原料的泥加工通常运用此法制作，如豆腐、熟土豆等。

## 二、各种刀法的操作方法及要领

1. 直切法

（1）操作方法。操作方法如图 1-2-10 所示。

图 1-2-10　直切法

①左手扶稳原料。

②用左手中指第一关节弯曲处顶住刀身，手掌按在原料或砧板面上。

③右手持刀，用刀刃的中前部位对准原料被切位置，刀垂直上下运动将原料切断。如此反复，直至原料切完为止。

（2）操作要领。

①右手持刀稳，手腕灵活，运用腕力，稍带动小臂。

②左手扶稳原料，并根据所需原料的规格（厚薄、长短）向左后方向匀速移动。

③左右两手密切配合，有节奏地做匀速运动，灵活自如，刀距相等，不能忽宽忽窄或按住原料不移动。

④刀在运行时，刀身不可倾斜，作用点在刀刃的中前部位。

（3）适用范围。这种刀法一般适用于加工脆性原料，如萝卜、黄瓜、土豆等。

2. 推切法

（1）操作方法。操作方法如图 1-2-11 所示。

图 1-2-11　推切法

①左手扶稳原料，用中指第一关节弯曲处顶住刀身。

②右手持刀，刀刃的前部对准原料被切位置。

③刀从上至下，自右后上方朝左前下方推切下去，将原料断开。如此反复，推切至原料切完为止。

（2）操作要领。

①右手持刀稳，手腕灵活，通过手腕的起伏摆动，使刀产生一个小弧度，加大其运行距离。

②左手扶稳原料，并根据所需原料的规格（厚薄、长短）向左后方向匀速移动。

③左右两手密切配合，有节奏地做匀速运动，刀距相等，不能忽宽忽窄或按住原料不移动。操作时，进刀轻柔有力，下切刚劲，刀前端开片，后端断料。

（3）适用范围。这种刀法一般适用于切无骨的韧性原料，如猪肉、牛肉、羊肉、腊肠、大头菜、萝卜干、动物肝脏、火腿等。

3. 拉切法

（1）操作方法。操作方法如图 1-2-12 所示。

图1-2-12 拉切法

①左手扶稳原料，中指第一关节弯曲处顶住刀身。

②右手持刀，刀刃的中后部位对准原料被切位置。

③刀由上自下，自左前方朝右后方拉切下去，将原料断开。如此反复，拉切至原料切完为止。

（2）操作要领。

①拉切与推切是运刀方向相反的一种刀法，是由前向后拉切断料。

②在操作时，刀刃前端略低，后端略高，着力点在刀刃前端，用刀刃轻轻地向前推切一下，再顺势将刀刃向后一拉到底，即所谓"虚推实拉"。拉切时，刀在运动过程中注意通过手腕的摆动，使刀在原料上产生一个弧度，从而加大刀的运行距离，避免连刀，用力要均匀有力，将原料彻底拉切断开。

（3）适用范围。这种刀法一般适用于切去骨的韧性原料，如鸡、鸭、鱼、肉等动物性原料。

4. 锯切法

（1）操作方法。操作方法如图1-2-13所示。

图1-2-13 锯切法

①左手扶稳原料，中指第一关节弯曲处顶住刀身。

②右手持刀，刀刃的前部对准原料被切位置。

③刀在运动时，先向左前方运行，刀刃移至原料的中部之后，再将刀向右后方拉回，将原料断开。如此反复，锯切至原料切完为止。

（2）操作要领。

①刀与砧板面保持垂直，且刀在前后运行时用力要小，速度要缓慢，动作要轻松。

②左手扶稳原料，刀在锯切时下压的力度不能太大，避免原料因受压力过大而变形。

（3）适用范围。这种刀法效率高，一般适用于质地坚韧、无骨或质地松散易碎的熟料，如熟火腿、白切肉、面包等。

5. 铡切法

（1）操作方法。操作方法如图1-2-14所示。

图1-2-14　铡切法

①左手握住刀背前部，右手握住刀柄。

②刀刃前部垂下，刀后部翘起，刀刃的中部对准被切的原料，右手用力压切。

③再将刀刃前部翘起，接着左手用力压切，如此上下反复交替压切。

（2）操作要领。

①双手配合协调，用力均匀，以断料为度。

②刀压住所切的原料时要稳，动作宜快，一刀切好。

（3）适用范围。这种刀法一般适用于带壳或体小易滑及略带小骨、软骨的原料，如蟹、白鸡、烤鸭、蒜头、花生米等，也适用于煮熟的蛋类。

6. 滚料切法

（1）操作方法。操作方法如图1-2-15所示。

图1-2-15　滚料切法

①左手扶稳原料，中指第一关节弯曲处顶住刀身。

②右手持刀，刀刃的前部对准原料被切位置，原料要与刀保持一定的斜度。

③运用推切的刀法，将原料切断。

④每切完一刀，即把原料朝一个方向滚动一次。如此反复，至原料切完为止。

（2）操作要领。

①左手扶料，右手持刀，密切配合，边滚边切。

②刀与原料的斜度要保持一致，切出的成品才能整齐划一。

（3）适用范围。这种刀法一般适用于质地脆嫩、体积较小的圆柱形植物原料，如山药、胡萝卜、丝瓜、茄子等。

7. 排剁法

（1）操作方法。操作方法如图1-2-16所示。

图1-2-16　排剁法

①两手各持一刀，两刀呈八字形。

②两刀垂直上下交替排剁，切勿相碰。

③当原料剁碎到一定程度，两刀各向相反方向倾斜，用力将原料铲起归堆，继续行刀排剁。

（2）操作要领。操作时，用手腕带动小臂上下摆动，挥刀将原料剁碎，同时要勤翻原料，使其均匀细腻，抬刀不可过高，以免将原料甩出，造成浪费。

（3）适用范围。这种刀法一般适用于剁无骨软性或脆性原料，如牛肉、羊肉、猪肉、姜、咸菜、白菜等。

8. 直剁法

（1）操作方法。操作方法如图1-2-17所示。

①原料放置在砧板面中间，左手扶砧边，右手持刀，把刀抬起。

②用刀刃的中前部位对准原料，用力剁碎。

图1-2-17　直剁法

③当剁到一定程度时，将刀身横向倾斜，用刀将原料铲起归堆，再反复剁碎原料，直至达到要求。

（2）操作要领。操作时，用手腕带动小臂上下摆动，挥刀将原料剁碎，同时要勤翻原料，使其大小均匀细腻，用刀要富有节奏，注意抬刀不可过高，以免将原料甩出，造成浪费。

（3）适用范围。这种刀法一般适用于剁无骨软性或脆性原料，如牛肉、羊肉、猪肉、鱼肉、虾肉、咸菜、蒜、姜等。

9．直刀砍法

（1）操作方法。操作方法如图1-2-18所示。

图1-2-18　直刀砍法

①左手扶稳原料，右手持刀，将刀举起。

②用刀刃的中后部对准原料需被砍的部位。

③一刀将原料砍断，如此反复，直至砍完原料为止。

（2）操作要领。右手握稳刀柄；将原料放平稳，左手扶料时要离落刀点远一些，防止伤手；落刀要稳、准、狠，力求一刀砍断原料，尽量不重刀。

（3）适用范围。这种刀法一般适用于砍带骨的较硬原料，如排骨、整鸡、整鸭等。

10．拍刀砍法

（1）操作方法。操作方法如图1-2-19所示。

图1-2-19 拍刀砍法

①左手扶稳原料，右手持刀，刀刃对准原料要砍位置。

②左手离开原料并举起，用掌心或掌根拍击刀背使原料断开。

（2）操作要领。原料要放平稳，用掌心或掌根拍击刀背时用力要充分，刀刃一定要按放在原料要砍部位，不可离开原料，可连续拍击刀背直至原料完全断开。

（3）适用范围。这种刀法一般适用于加工圆形、易滑、质硬、带骨的韧性原料，如鸡头、鸭头、鱼头等。

11. 平刀直片法

（1）操作方法。操作方法如图1-2-20所示。

图1-2-20 平刀直片法

①将原料放置于砧板面里侧，左手伸直，扶稳原料，手掌和大拇指外侧支撑板面，右手持刀端平，对准原料上端要片位置。

②刀从右向左片进，并将原料片开，在砧板上重叠排列。

③按此方法，使片下的原料整齐均匀。

（2）操作要领。

①刀身要端至水平，刀在运行时，刀膛要紧贴住原料，从右向左运动，使片下的原料形态均匀一致。

②刀身保持水平，片进原料，刀在运行时，用力要小，以免将原料（固体性原料）挤压变形。

（3）适用范围。这种刀法一般适用于加工固体性或脆性原料，如香干、老豆腐、蛋黄糕、鸡血、土豆、冬笋等。

12. 平刀推片上片法

（1）操作方法。操作方法如图1-2-21所示。

图1-2-21　平刀推片上片法

①将原料放置在砧板里侧，左手按稳原料，右手持刀，刀刃中部对准原料上端。

②刀从右后方向左前方片进原料。

③片开原料后，用手按住原料，将刀移至原料的右前端，将刀抽出，脱离原料，如此反复。

（2）操作要领。刀要端平，用刀膛加力压贴原料，自始至终动作要连贯紧凑。随着刀的运动，左手手指需稍翘起，若一刀未片开，可连续推片，至片开原料为止。

（3）适用范围。这种刀法一般适用于加工韧性较弱的原料，如鸡胸肉、心里美萝卜、胡萝卜、通脊肉等。

13. 平刀推片下片法

（1）操作方法。操作方法如图1-2-22所示。

图1-2-22　平刀推片下片法

①将原料放置在砧板里侧，左手按稳原料，右手持刀，刀刃前端对准原料下端。

②用力推片，使原料移至刀刃的中部，片开原料。将未片开余料移至右后端，随即将刀从右后方抽出。

③用刀刃前部将片下的原料一端挑起，用手按住原料，将刀移至原料的右前端，将刀抽出，原料整齐排叠在砧板右前端。如此反复将原料片完。

（2）操作要领。扶稳原料，防止滑动，刀片进原料后，左手施加向下压力，刀运行时用力要充分，尽量将原料一刀片开，若一刀未片开，可连续推片直至原料完全片开为止。

（3）适用范围。这种刀法一般适用于加工韧性较强的原料，如颈肉、肥膘、五花肉、坐臀肉等。

14. 平刀拉片法

（1）操作方法。操作方法如图1-2-23所示。

图1-2-23 平刀拉片法

①原料放置在砧面右侧，用刀刃的后部对准原料被片的位置。

②刀从左前方向右后方运行，用力将原料片开。

③刀膛贴住片开的原料，向右后方运行至原料一端，随即用刀前端挑起原料一端。用手指压住原料，移至砧板右前端抽出刀，将原料平整地贴附在砧板上。如此反复拉片。

（2）操作要领。扶稳原料，防止滑动。刀运行时用力要均匀，动作要连贯。原料一刀未片开可连续拉片，直到原料完全被片开为止。

（3）适用范围。该刀法一般适用于加工韧性弱、体积小、细嫩或脆嫩的动植物原料，如鱼肉、猪肚、腰子、心里美萝卜、莴笋、里脊等。

15. 斜刀拉片法

（1）操作方法。操作方法如图1-2-24所示。

图1-2-24 斜拉片法

①原料放在砧板里侧，左手伸直扶按原料，右手持刀。

②用刀刃的中部对准原料被片位置，刀自左前方向右后方运动。

③原料断开后，随即左手指微弓，带动片开的原料向右后方移动，使原料离开刀。

（2）操作要领。刀在运动时，刀膛要紧贴原料，避免原料被粘走或产生滑动，刀身的倾斜度要根据原料成形规格灵活调整。每片一刀，刀与左手同时移动一次，并保持刀距相等。

（3）适用范围。该刀法适合片一些质地松软或带脆性、韧性的原料，如腰子、净鱼肉、大虾肉、猪牛羊肉等；也可用于加工白菜根部、油菜根部和扁豆等。

15. 斜刀推片法

（1）操作方法。操作方法如图 1 - 2 - 25 所示。

图 1 - 2 - 25　斜刀推片法

①左手扶按原料，中指第一关节微曲，并顶住刀膛，右手操刀。

②刀身倾斜，刀刃的中部对准原料被片位置。

③刀自左后方向右前方斜刀片进，使原料断开，如此反复斜刀推片。

（2）操作要领。刀在运动时，刀膛要紧贴原料，避免原料被粘走或产生滑动，刀身的倾斜度要根据原料成形规格灵活调整。刀要紧贴左手关节，每片一刀，刀与左手同时向左后方移动一次，并保持刀距相等。

（3）适用范围。该刀法适用于加工各种脆性原料，如芹菜、白菜等；豆腐干、熟肚子等软性原料也可用这种刀法加工。

## 步骤三　调制蘸汁

取适量小米椒、小葱切碎放入碗中，加入适量生抽、米醋、香油、辣椒油调制牛肉蘸汁，如图 1 - 2 - 26 所示。

图1-2-26 蘸汁

### 知识链接一 植物性原料切割

中式烹调中所用的植物性原料品种繁多，其原料性质与动物性原料不同。植物性原料切割是指运用各种不同的方法，将植物性原料加工成各种形状，从而达到料形美观、易于烹调和适合食用的要求。

#### 一、植物性原料料形的切割规格及技术要求

植物性原料在中式烹调中广泛运用，切割后的料形要符合一定的标准与规格。

1. 块

块是方体（正方体、长方体和其他多种几何形体），运用切、剁（斩）、砍（劈）等方法加工制成。对于大块原料，还需要先改成条形，再改成块。

（1）切割规格。菱形块规格长轴约4 cm，短轴约2.5 cm，厚约2 cm；长方块规格长约4 cm，宽约2.5 cm，厚约1 cm；滚料块为长4 cm的多面体。

（2）技术要求。块的切面光滑，形状、大小一致。

2. 段

将柱形原料横截成的自然小节叫段，如葱段、芸豆段、山药段等。

（1）切割规格。段没有明显的棱角特征。保持原来物体的宽度是段的主要特征。段有三种长度，分别为3.5 cm、4.5 cm和5.5 cm。

（2）技术要求。段的切面光滑，形状、大小一致。

3. 条

将加工成片状的原料再切成细长的形状，叫条或丝。条粗于丝，二者的截面均呈正方形。

（1）切割规格。粗条截面规格约为1.5 cm×1.5 cm，长约为3.5 cm。中粗条截面规格

约为 1 cm×1 cm，长约为 3.5 cm。细条截面规格约为 0.5 cm×0.5 cm，长约为 3.5 cm。

（2）技术要求。条的切面光滑，形状、大小一致。

**4.丁**

由条形原料切成的立方体料形统称为丁，分大丁、小丁两种。

（1）切割规格。大丁约为 2 cm 见方，小丁约为 1 cm 见方。

（2）技术要求。丁的切面光滑，形状、大小一致。

**5.片**

具有扁薄平面结构特征的料形被称为片。

（1）切割规格。长方片规格有大、中、小 3 种，大号规格为 6 cm×2 cm×0.2 cm，中号规格为 5 cm×2 cm×0.2 cm，小号规格为 3.5 cm×1.5 cm×0.2 cm。柳叶片两头微尖，中间略宽，形似柳叶，规格为 5 cm×1.5 cm×0.1 cm。菱形片又称象眼片，规格为短对角线约为 3 cm，长对角线约为 6 cm。夹刀片即一刀断、一刀不断，两片相连的片形，规格视原料而定。

（2）技术要求。片形的切面光滑，片形均匀，厚薄一致。

**6.丝**

将加工成片状的原料再切成细长的形状，叫条或丝。丝细于条。

（1）切割规格。一般情况将细于 0.3 cm×0.3 cm、长约 4.5 cm 的细长料形称为丝。植物性原料改刀成截面规格约为 0.15 cm×0.15 cm、长约 4.5 cm，或截面规格约为 0.1 cm×0.1 cm、长约 4.5 cm，这两种规格的丝较多。

（2）技术要求。丝形粗细均匀，根根分清，互不粘连，长短规格一致。

**7.粒、末**

由丝状原料上截下的立方体料形称为粒或末。粒由粗丝加工而成，末由细丝加工而成，粒比末大。

（1）切割规格。植物性原料粒形规格约为 0.1 cm 见方；末比粒更小些。

（2）技术要求。粒、末形状、规格一致。

## 二、植物性原料料形在烹饪中的运用

原料切割成形的过程必须符合食品卫生、膳食营养、避免浪费等方面的要求。

**1.植物性原料"块"形在烹饪中的运用**

（1）适应原料：韧性、脆性的原料。

（2）用途举例：笋块、萝卜块、土豆块等。

（3）加工要求：用于烧、焖的块可稍大些，用于熘、炒的块可稍小一些；原料质地松软、脆嫩的块可稍大一些，质地坚硬的块可稍小一些；对于块形较大的还应在其背面剞上花刀，以便成熟入味，缩短调制时间。

2. 植物性原料"段"形在烹饪中的运用

（1）适应原料：韧性、脆性原料。

（2）用途举例：山药段、葱段、辣椒段等。

（3）加工要求：脆性原料应改细些，韧性原料应改粗些。根据原料的特点灵活选用段的规格。

3. 植物性原料"条"形在烹饪中的运用

（1）适应原料：软性、脆性原料。

（2）用途举例：茭白条、笋条、冬瓜条、土豆条等。

（3）加工要求：脆性原料应改细些，软性原料应改粗些。根据原料的特点灵活选用条的规格。

4. 植物性原料"丁"形在烹饪中的运用

（1）适应原料：软性、脆性原料。

（2）用途举例：土豆丁、黄瓜丁、茭白丁、冬瓜丁等。

（3）加工要求：脆性原料应改小些，软性原料应改大些。根据原料的特点灵活选用丁的规格。

5. 植物性原料"片"形在烹饪中的运用

（1）适应原料：软性、脆性原料。

（2）用途举例：南瓜片、冬瓜片、茭白片、冬笋片等。

（3）加工要求：脆性原料应改薄些，软性原料应改厚些。根据菜肴的成品要求灵活选用片的规格。

6. 植物性原料"丝"形在烹饪中的运用

（1）适应原料：软性、脆性原料。

（2）用途举例：土豆丝、黄瓜丝、茭白丝、冬笋丝等。

（3）加工要求：脆性原料应改细些，软性原料应改粗些。根据原料的特点灵活选用丝的规格。

7. 植物性原料"粒、末"形在烹饪中的运用

（1）适应原料：软性、脆性原料。

（2）用途举例：葱粒、蒜末、姜末等。

（3）加工要求：根据原料的特点及烹饪的要求灵活选用具体的规格。

## 知识链接二　动物性原料切割

动物性原料切割是指运用不同的方法，将动物性原料加工成各种形状，从而达到料形美观、易于烹调和适合食用的要求。原料的形状可以分为基本工艺形与花刀工艺形。下面介绍动物性原料的基本工艺形切割。

### 一、动物性原料料形的切割规格及技术要求

1. 块

块是方体（正方体、长方体和其他多种几何形体），是运用切、剁（斩）、砍（劈）等方法加工制成的。对于大块原料，还需要先改成条形，再改成块。

（1）切割规格。菱形块长轴约为 4 cm，短轴约为 2.5 cm，厚约为 2 cm；长方块长约为 4 cm，宽约为 2.5 cm，厚约为 1 cm。滚料块为长 4 cm 的多面体。

（2）技术要求。块的切面光滑，形状、大小一致。

2. 段

段比条粗，运用切、斩（砍）、劈等方法加工制成。

（1）切割规格。粗段直径约为 1 cm，长约为 3 cm；细段直径约为 0.8 cm，长约为 2.5 cm。

（2）技术要求。刀口整齐，长短一致。

（3）加工要求。根据原料的特点及烹饪的要求灵活选用具体的规格。

3. 条

条比丝粗，它的成形方法首先是运用切、片（批）的刀法将原料切、片（批）成大厚片，然后再切成条。根据其粗细和长短可分为大一字条、小一字条、筷子条、象牙条等。

（1）切割规格。大一字条长约为 5 cm，截面规格约为 1.2 cm×1.2 cm；小一字条长约为 4 cm，截面规格约为 0.8 cm×0.8 cm；筷子条长约为 6 cm，截面规格约为 0.6 cm×0.6 cm；象牙条长约为 5 cm，截面规格约为 1 cm×1 cm。

（2）技术要求。条的切面光滑，形状、大小一致，无大小头。

4. 片

片是运用直刀法的切或平刀法、斜刀法的片加工而成的。对于形体大、厚的原料可直接片，对于较厚的原料，可先将其加工成条块或其他适当的形状，再切成片；对于体小较窄、薄的原料，要采用斜刀法加工成片。

片因形状、大小、厚薄不同可分为长方片、柳叶片、骨牌片、牛舌片、菱形片、指甲片、麦穗片、连刀片、灯影片等。

（1）切割规格。长方片长约为 5 cm，宽约为 2.5 cm，厚约为 0.2 cm；柳叶片长约为 6 cm，宽约为 1.5 cm，厚约为 0.3 cm；骨牌片长约为 6 cm，宽约为 3 cm，厚约为 0.1 cm；牛舌片长约为 10 cm，宽约为 3 cm，厚约为 0.15 cm；菱形片长对角线约为 5 cm，短对角线约为 2.5 cm，厚约为 0.2 cm；指甲片边长约为 1.2 cm，厚约为 0.1 cm；麦穗片长约为 10 cm，宽约为 2 cm，厚约为 0.2 cm；连刀片长约为 10 cm，宽约为 4 cm，厚约为 0.3 cm；灯影片长约为 10 cm，宽约为 4 cm，厚约为 0.1 cm。

（2）技术要求。应根据烹调方法的不同和原料的性质不同来确定片的规格。成形的料形应规格一致，厚薄均匀。

### 5．丝

丝是运用切、片（批）的刀法加工而成的。成丝前，先将原料片（批）、切成大薄片，然后把片排叠起来，再切成丝。其排叠方法有三种：一是阶梯形，二是砌砖式，三是卷筒形。

（1）切割规格。根据切丝的粗细分为头粗丝、二粗丝、细丝、银针丝。头粗丝长约为 8 cm，横切边长约为 0.3 cm；二粗丝长约为 8 cm，横切边长约为 0.2 cm；细丝长约为 8 cm，横切边长约为 0.15 cm；银针丝长约为 8 cm，横切边长约为 0.1 cm。

（2）技术要求。丝的规格要一致，无大小头，无连刀。

### 6．丁、粒、末

丁的形状近似于正方体，它是运用片（批）、切等方法，将原料加工成大片，再切成条状，最后切成的。

（1）切割规格。丁的大小取决于条的粗细与片的厚薄。粒的形状较丁小，大的有如黄豆，小的有如绿豆。粒的成形方法与丁相同。末的形状是一种不规则的形体，其大小有如米粒或油菜籽。末是通过直刀剁或铡切加工完成的。大丁约为 1.5 cm 见方，小丁约为 1.2 cm 见方。

（2）技术要求。成形的料形规格一致，丁形应四棱见方，无大小头，无连刀；粒形应料形均匀；末形应粗细均匀。

## 二、动物性原料料形在烹饪中的运用

### 1．动物性原料"块"形在烹饪中的运用

（1）适应原料：韧性、脆性、带小骨的原料。

（2）用途举例：鸡块、鱼块、鸭块、猪肉块等。

（3）加工要求：用于烧、焖的块可稍大些，用于熘、炒的块可稍小些；原料质地松软、脆嫩的块可稍大些，质地坚硬而带小骨的块可稍小些。对于较大的块还应在其背面雕上十字花刀，以便成熟入味，缩短烹调时间。

### 2．动物性原料"段"形在烹饪中的运用

（1）适应原料：韧性、脆性原料。

（2）用途举例：用于制作炸烹虾段、干烧鳝鱼段等。

（3）加工要求：脆性原料应改细些，韧性原料应改粗些；带骨的直段则应改长些。根据原料的特点灵活选用段的规格。

3. 动物性原料"条"形在烹饪中的运用

（1）适应原料：韧性、脆性、软性原料。

（2）用途举例：用于制作红烧什锦、芜爆鸡条、糖醋肉条、高丽鱼条、萝卜鱼条汤、鱼香荷心等。

（3）加工要求：韧性原料应细一些，脆性原料、软性原料应粗一些，用于烧、扒、炸的应粗一些。

4. 动物性原料"片"形在烹饪中的运用

（1）适应原料：韧性、细嫩软性、脆性原料。

（2）用途举例：羊肉片、鱼片、猪肉片、牛肉片、鸡片等。

（3）加工要求：汤菜、熘菜的片要薄些，爆、炒用的片则可稍厚些；质地松软易碎烂的原料需要厚些，质地较硬或带有韧性的原料则可稍薄些。

5. 动物性原料"丝"形在烹饪中的运用

（1）适应原料：脆性、软性、韧性原料。

（2）用途举例：用于制作冬笋肉丝、干煸牛肉丝、鲜熘鸡丝等。

（3）加工要求：将质韧而老的原料切得粗一些；将用于汆、煮等烹调方法的丝切得细一些；将用于炸、炒等烹调方法的丝切得粗一些。

6. 动物性原料"丁、粒、末"形在烹饪中的运用

（1）适应原料：韧性、脆性、软性、硬实性原料。

（2）用途举例：陈皮兔丁、宫保鸡丁、青椒肉丁、清蒸狮子头、碎米鸡丁、肉馅等。

（3）加工要求：根据原料的特点及烹饪的要求灵活选用具体的规格。

## 步骤四　牛肉摆盘

将切好的卤牛肉摆盘，放上装饰小花完成摆盘，如图1-2-27所示。

图1-2-27　牛肉的摆盘

 | 考核评价 |

凉拌牛肉的制作与烹调过程考核评价表

| 学习项目1-2 凉拌牛肉的制作与烹调 | | | | | |
|---|---|---|---|---|---|
| 学员姓名 | | 学号 | | 班级 | | 日期 | |
| 项目 | 考核项目 | 考核要求 | 配分 | 评分标准 | 得分 |
| 知识目标 | 刀具的种类、使用及保养 | 掌握刀具的种类、使用及保养 | 10 | 对刀具的种类、使用及保养知识叙述，错一处扣2分 | |
| | 直刀法、平刀法、斜刀法的使用 | 掌握直刀法、平刀法、斜刀法的使用 | 15 | 对直刀法、平刀法、斜刀法的实操，不熟练扣5分 | |
| | 片、丝、丁、条、块、段等形状的切割规格及技术要求 | 掌握不同形状食物的切割规格及技术要求 | 15 | 对食物原料的切割成形实操及技术要求的叙述，不熟练扣5分 | |
| 能力目标 | 将植物性原料切割成片、丁、条、块、段等形状 | （1）能正确使用刀具；<br>（2）能掌握不同刀法的使用要求；<br>（3）能够正确选用刀具和刀法进行植物性原料的切割成形 | 20 | （1）常见刀具使用不正确，错一次扣3分；<br>（2）刀法使用不正确，错一次扣3分；<br>（3）不能够正确选用刀具和刀法进行植物性原料的切割成形操作，扣4分 | |
| | 将动物性原料切割成片、丁、条、块、段等形状 | （1）能正确使用刀具；<br>（2）能掌握不同刀法的使用要求；<br>（3）能够正确选用刀具和刀法进行动物性原料的切割成形 | 20 | （1）常见刀具使用不正确，错一次扣3分；<br>（2）刀法使用不正确，错一次扣3分；<br>（3）正确选用刀具和刀法进行植物性原料的切割成形操作，关键点不熟练，每项扣2分 | |
| 过程方法及社会能力 | 过程方法 | （1）学会自主发现、自主探索的学习方法；<br>（2）学会在学习中反思、总结，调整自己的学习目标，在更高水平上获得发展 | 10 | 能在工作中反思，有创新见解，能自主发现、自主探索，酌情给5~10分 | |
| | 社会能力 | 小组成员间团结协作，共同完成工作任务，养成良好的职业素养（工位卫生、工服穿戴等） | 10 | （1）工作服穿戴不全扣3分；<br>（2）工位卫生情况差扣3分 | |

（续表）

| | 学习项目1-2　凉拌牛肉的制作与烹调 |
|---|---|
| 实训总结 | 你完成本次工作任务的体会（学到哪些知识，掌握哪些技能，有哪些收获）： |
| 得分 | |

## 工作小结 ｜ 凉拌牛肉的制作与烹调工作小结

1. 我们完成这项学习任务后学到了什么知识和技能？

_____

_____

_____

_____

_____

2. 我们还有哪些地方做得不够好？我们要怎样努力改进？

_____

_____

_____

_____

_____

# 任务二
# 热菜制作与烹调

02

"热菜"概念是相对于"冷菜"或"凉菜"而言的，一是指刚做好，有一定温度，上桌可直接食用的菜；二是指将凉菜加热的方式，如锅仔、明炉、砂锅等。很多食材在未经过高温加热前是不能食用的，热菜的历史可追溯到人类开始使用火对食物进行加工之时。厨师界又将热菜区别于前菜，如开胃菜。通常正菜、主菜也称热菜，如图 2-1 所示。

图 2-1　热菜展示

热菜的烹调方法通常来说就是把经过初步加工和切配成形的烹饪原料，通过加热和调味等综合方法，制成不同风味的菜品。烹调方法的运用是整个烹调工艺的关键，制作菜品的全过程包含多道工序。从烹饪原料的购置、选择、存放、保管，烹饪原料的初加工（选料、分割、涨发干货、出肉等），烹饪原料的细加工（刀工工艺、配菜以及着衣工艺等），直到烹调方法的运用、装盘等的全部工序中，最为重要的核心就是烹调方法。烹调方法的运用水平决定着菜品的质量。菜品的滋味、质感、香味、色泽形态等诸多方面是否合乎标准，取决于烹调工艺中的选料、刀工、调味、着衣、火候运用等。烹调方法的运用包括两个方面：一则为烹，即火候的运用；二则为调，即调味的运用。两者有机地结合，才能烹调出色靓、香浓、味美、形秀、质优的不同风味、流派的菜品。

## 学习项目一　西芹百合的制作与烹调

 **任务描述**

某酒店厨房收到餐饮部散客点餐通知，需要制作烹调西芹百合，如图 2 - 1 - 1 所示，数量 1 份，要求 15 分钟内完成。

西芹百合是把西芹和鲜百合炒制在一起的一道菜。这道菜做法相当简单，只用到一种调味料——盐，味道却富有层次，清香四溢。食客看着这清新的绿色、素雅的白色，心情格外明朗。今天我们需要和大家探讨的问题是，我们要制作和烹调这道西芹百合需要掌握哪些知识和技能呢？

图 2 - 1 - 1　西芹百合

 **接受任务**

热菜配份出餐表如表 2 - 1 - 1 所示。

表 2 - 1 - 1　热菜配份出餐表　（西芹百合）

| 菜名 | | 西芹百合 | 出餐时间 | 15 分钟 |
|---|---|---|---|---|
| 台号 | | 08 号台 | 装盘要求 | 热菜盘，摆盘精美 |
| 调味品及要求 | | 食盐、蘑菇精、橄榄油、香油等 | | |
| 序号 | 主料 | 数量 | 辅料 | 数量 |
| 1 | 西芹 | 250 g | 装饰小花 | 1 只 |
| 2 | 鲜百合 | 100 g | | |
| | | | | |
| | | | | |
| | | | | |
| | | | | |
| | | | | |

**| 任务实施 |**

任务明确，可以开始工作了！

## 步骤一　岗前准备

按照要求进行个人卫生、着装和操作环境准备。

## 步骤二　食材的初加工

（1）挑选新鲜西芹约250 g，先将西芹根部切去，去掉叶子，用清水洗净，如图2-1-2所示。

（2）取新鲜百合约100 g，去掉百合的根部和头部，清洗干净备用，如图2-1-3所示。

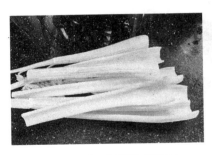
图2-1-2　西芹的初加工

图2-1-3　百合的初加工

## 步骤三　加工制作

（1）将洗干净的西芹用刀切成斜段备用，如图2-1-4所示。

（2）将洗干净的百合剥片，再用水冲洗干净，盛盘备用，如图2-1-5所示。

图2-1-4　西芹的加工制作

图2-1-5　百合的加工制作

### 知识链接　常见菜肴的组配

菜肴组配是厨房工作中的一项复杂工作，其质量的优劣对餐饮企业的经营管理有着重要的影响。

#### 一、菜肴组配概述

配菜就是将经过加工处理的烹饪原料进行适当的搭配，使之成为一道或一席菜肴的过程，也称"组配"。菜肴组配时要注意营养、色、香、味、形、器等各个方面的问题。

#### 二、菜肴组配的方法

1. 单一菜肴原料的组配

单一菜肴原料的组配是指原料只有一种的菜肴组配，一般按定量配制即可。配制时要注意突出原料的优点，选择原料要认真，刀工处理要精细。例如：采用蔬菜原料烹制菜肴应尽可能选用其鲜嫩部分；采用整料的原料如鸡、鱼等烹制菜肴时，需保持菜肴肥美完整；海参本身缺乏鲜美滋味，作单一原料烹制菜肴时，需加入火腿、鸡肉等食材提鲜，烹制成成品后再将火腿、鸡肉等捞去，仍以单一原料上席。

2. 主辅料菜肴的组配

主辅料菜肴的组配指菜肴中有主料和辅料，并按一定的比例构成。其中主料一般为动物性原料，辅料一般为植物性原料。配料时应掌握主料与辅料的特点，在重量方面以主料为主导，突出作用；辅料对主料的色、香、味、形起衬托和补充作用，对主料的营养起补充的作用，从而提高菜肴的营养价值，使菜肴的营养素含量更全面。主辅料的比例一般为9:1、8:2、7:3、6:4等形式。在主辅料菜肴配菜时要注意辅料不可喧宾夺主或以次充好。

3. 多种主料菜肴的组配

多种主料菜肴中主料品种的数量为两种或两种以上，无主辅料之别，每种主料的重量基本相同。为了方便菜肴的烹调加工，在配菜时应将各种主料分别放置在配菜盘中。此类菜肴的名称中一般都带有数字，如汤爆双脆、三色鱼圆、植物四宝等。

## 步骤四　烹饪制作

（1）锅中加入适量水烧开，将鲜百合放入沸水中焯水 10 秒钟后捞出，如图 2－1－6（a）所示。

（2）沸水里加少许盐和油，放入西芹段，水再次煮沸后关火捞出，如图 2－1－6（b）所示。

（3）将焯水后的西芹和百合用凉水浸泡2分钟后沥干水分备用。

（4）炒锅倒入适量橄榄油烧热，放焯水后的西芹翻炒1分钟，再加入百合同炒约1分钟。

（5）加入少许食盐、蘑菇精和香油，调味即可。

（a）　　　　　　　　　　　　　　（b）

图2-1-6　西芹百合的烹调

（a）百合焯水；（b）西芹焯水

### 知识链接一　临灶操作概述

对于中式烹调师来说，临灶操作是非常重要的基本功。火力、油温的识别以及油温的掌握关系到下一步的操作。

#### 一、临灶操作准备

操作前根据要求与安排，做好临灶操作的各项准备工作，包括卫生清理、检查炉具设备、准备调味品以及原料必要的前期预热处理等工作。

1. 卫生要求

首先做好个人卫生。穿好工作服，戴好工作帽，洗手。其次要做好临灶操作的环境卫生。要求做到灶台上无油污、无残渣；墙面干净、无污垢；调料台（车）上下、内外干净无死角；烹调器具明亮、整洁；地面无油迹、水迹以及各种遗弃物，地面保持干净、整洁。

2. 检查炉具设备

检查热源是否能满足烹调的需要，炉具设备是否完好、火孔是否通畅、启动开关是否正常。

3. 备好烹调加热器具

准备好烹调加热器具，如锅、手勺、漏勺等，并放置在方便取用的位置。

4. 原料准备

（1）调料准备。检查当天需要的调料是否备足，整理调料罐内的调料，及时制做需要自制的调料等。

（2）制汤工作。将当天需要用的汤提前制好。汤以当天制当天用为好，如果遇到特殊情况，可提前一天制好，但要保存妥当，以保证其质量。

（3）前期热处理。在正式烹调前，要做好部分原料的前期热处理工作。要提前准备好需要煮制的、卤制的、蒸制的原材料。

## 二、临灶姿势

操作者应面向炉灶，人体正面与炉灶边缘保持一定距离，两脚分开站立，两脚与肩同宽，上身略向前倾，目光注视锅中原料的变化。左手端锅，右手持勺，左右手协调配合，如图2-1-7所示。

图2-1-7    临灶姿势

## 三、火力的识别和调控

火力是燃料燃烧时在炉口发出的热流量。

1. 炉口火力的类型及特征

目前以燃料（如天然气、煤气、液化石油气等）燃烧为热源（即明火）的加热方法十分普遍，对这类热源火候的控制主要是依靠经验来调节其炉口火力的大小和加热时间的长短。

在实践操作中，人们通常根据火焰的颜色、亮度、形态、辐射热，把炉口火力粗略地划分为旺火、中火、小火和微火四种。

（1）旺火。旺火，又称大火、武火、急火等。它是炉口火力最强的一种火力。燃气灶的阀门开到最大程度，燃料处于剧烈的燃烧状态，火势喷射猛烈，并伴有"呼呼"的响声。火焰全部升起，颜色呈黄白色，热度最强。旺火主要用于急速烹制菜肴，能使菜肴脆嫩爽口。

（2）中火。中火，又称文火。它是仅次于旺火的一种火力。燃气灶的阀门开到较大程度，火势喷射不急不慢，火焰高低适中。中火火焰稳定，颜色呈黄色，热度较强。中火主要用于快速烹制菜肴，使菜肴鲜艳脆嫩。

（3）小火。小火，又称慢火、温火。小火是炉口火力中较小的一种。燃气灶的阀门开到较小程度，火势较弱，火力较轻，火焰较低，时而上下跳动，火苗达不到锅底，火焰颜色呈黄红色，热度较弱。小火主要用于烹制出菜速度稍慢的菜肴，使菜肴酥软入味。

（4）微火。微火是炉口火力中最弱的一种火力。燃气灶的阀门刚刚开启，火势微弱。其火焰很低，时起时落，颜色呈蓝紫色，热度较小。微火主要用于烹调出菜速度最慢的菜肴。

2. 各种火力的作用与综合运用

在实际操作中，如果改变炉口火力，热源在单位时间内传给传热介质或烹饪原料的热量也将随之改变，从而影响到烹饪原料本身的升温速度和成熟状况。所以，不同的火力具有不同的作用。

（1）旺火在单位时间内携带的热量多，因而可以缩短烹制的时间，减少营养元素的流失，并保持原料的鲜美脆嫩。旺火适用于炒、爆、烹、炸等烹调方法制作的菜肴，也适用于烹制量比较大的汤、羹类菜肴。旺火烹制时，翻锅、搅拌和取用原料等各种烹制手法也应随之加快，只有这样才能与旺火密切配合，达到理想的效果。

（2）中火一般适用于扒、烧、煮等烹调方法制作的菜肴，或炸制体形较大的烹饪原料，如清煎鱼、香槟排骨等。上述菜肴的烹制若用旺火，则容易出现外焦里生甚至焦糊现象。

（3）小火通常适用于软炒、炖、焖等烹调方法制作的菜肴，如炒鸡蛋、炒鲜奶等。因为这些菜肴的原料质地鲜嫩易熟，成菜时又要求色泽素洁雅观，若火力过大，不仅会使原料失去鲜嫩的特色，也会影响成菜的色泽。

（4）微火，由于其供热微弱，一般不太适用于制作菜肴，主要作为烹调中的辅助性加热方法，如对提前制做的菜肴进行保温。

### 四、油温的掌握

1. 油温的识别

目前操作者对油温的识别主要是依靠感官经验，通常把油加热时的状态及投料后的反应与油温联系起来。油温通常可以划分为温油、热油、高热油等几种类型。

（1）油面较平静、无烟、无响声，此时油温为 70~100℃，称为温油。

（2）油面微有青烟，油从四周向中间翻动，此时油温为 100~180℃，称为热油。

（3）油面有烟、较平静，用手勺搅动时有响声，此时油温为 180~210℃，称为高热油。

2. 油温的调控

油温的调控主要是根据火力的大小，原料的性质、形状、数量，油的种类、数量、使用次数等情况来进行。

（1）根据火力的大小调控油温。在旺火情况下，原料下锅时油温应低一些；在中火情况下，原料下锅时油温应高一些。

（2）根据原料性质调控油温。原料质地老的，下锅时油温应高一些；原料质地嫩的，下锅时油温应低一些；含水量多的，下锅时油温应高一些；含水量少的，下锅时油温应低一些。

（3）根据原料体积大小调控油温。原料体积大的，下锅时油温应高一些；原料体积小的，下锅时油温应低一些。

（4）根据油量与原料量的比例大小调控油温。油量多时，原料下锅时的油温应低一些；油量少时，原料下锅时的油温应高一些。

（5）根据油的性质调控油温。食用油的种类很多，在具体操作时，要根据食用油的性质灵活调控油温。例如，油的精炼程度、使用次数等都会对油温产生影响。

### 知识链接二　勺功技术

勺功技术是中式烹调特有的一项技术，是根据烹调的不同需要，将加工成形的烹饪原料放入锅中，通过晃锅、翻锅使食物入味，待食物成熟再出锅装盘的一项技术。多年以前，中式烹调师在烹调过程中经常用到的是单柄炒勺（锅），现在多用双耳炒锅，但我们还是习惯于称之为勺功技术。勺功技术主要包括握锅、晃锅、翻锅、出锅等几种，又称为握勺、晃勺、翻勺、出勺。

#### 一、操作姿势

1. 单柄炒勺的操作姿势

左手握住单柄炒勺手柄，手心朝右上方，大拇指压在手柄上面，其他四指弓起收拢，指尖朝上，合力握住手柄，如图2－1－8所示。

图2－1－8　单柄炒勺的操作姿势

2. 双耳炒锅的操作姿势

左手大拇指紧扣锅耳的左上侧，其他四指微弓朝下，呈散射状托住锅沿，并用抹布垫手。这样做有利于锅的重量均匀地分摊在较宽的手指面上，比较稳妥，如图2-1-9所示。

图2-1-9 双耳炒锅的操作姿势

3. 手勺的操作姿势

食指前伸，指肚紧贴手勺柄，大拇指伸直，与食指、中指合力握住手勺柄后端，手勺柄末端顶住手心，如图2-1-10所示。

图2-1-10 手勺的操作姿势

## 二、晃勺

晃勺也称晃锅、旋锅、转锅，是指让原料在炒勺（锅）内旋转的一种勺功技术。晃勺可以防止粘锅，也可以使原料在炒勺内受热均匀，成熟一致。

1. 操作方法

左手端起炒勺，通过手腕的转动，带动炒勺做顺时针或逆时针转动，使原料在炒勺内旋转。

2. 技术要领

晃动炒勺时，主要是通过手腕的转动及小臂的摆动，加大炒勺内原料旋转的幅度，力量的大小要适中。力量过大，原料易转出炒勺外；力量不足，原料旋转不充分。晃勺时勺中原料数量必须有一定的限制。如果原料过多，它在勺内翻动的范围小，难以翻转，因此用于晃勺的原料不宜过多。

3. 适用范围

晃勺应用比较广泛，在用煎、塌、贴、烧、扒等烹调方法制作菜肴时，翻勺之前都可以运用。此种方法单柄勺、双耳锅均可使用。

## 三、翻勺

翻勺是勺功技术的重要内容，是烹调操作中重要的基本功之一。在烹调工艺中要使原料在炒勺中受热均匀、成熟一致、入味均匀、着色均匀、挂浆均匀，除了用手勺搅拌以外，还要用翻勺的方法达到上述要求。翻勺技术功底的深浅可直接影响到菜肴的质量。因为炒勺置于火上，料放入炒勺中，原料由生到熟只不过是瞬间的变化，稍有不慎就会影响菜肴的质量，因此翻勺对菜肴的烹调至关重要。

1. 操作方法

翻勺的技法很多，通常按翻勺的方向不同，可分为前翻、后翻、左翻、右翻。前翻是将原料由炒勺的前端向勺柄方向翻动。后翻，也称倒翻，是指将原料由勺柄方向向炒勺的前端翻转，可防止汤汁和热油溅在身上引起烧烫伤。左翻和右翻，也称侧翻。根据翻勺的幅度大小，又可分为小翻勺和大翻勺。小翻勺又称颠翻、叠翻，即将炒勺连续向上颠动，使锅内菜肴松动移位，避免粘锅或烧焦，使原料受热均匀，调料入味，卤汁紧包原料。因翻动时的动作幅度较小，锅中原料不会翻出勺口，故称"小翻勺"。大翻勺是指把炒勺中的原料一次性翻转，原料在勺中翻转的幅度较大。大翻勺的操作流程是：旋→拉→送→扬→托。先让锅中的原料旋转起来，左手端锅向后一拉，再往前一送，趁势扬起，使原料一次性翻转，最后接住原料。

2. 技术要领

（1）根据菜肴的特点或烹调方法灵活选用具体的操作方法，例如前翻、后翻或大翻勺等。

（2）翻勺时动作要熟练，用到手勺时左右手配合要娴熟。

（3）掌握好翻勺的幅度，防止用力过猛，把原料翻出锅外。

3. 适用范围

翻勺应用最为广泛，在用爆、炒、熘、烹、煎等烹调方法制作菜肴时都可运用。

## 四、出勺

出勺也称出锅、出菜，就是运用一定的方法，将烹制好的菜肴从炒勺中取出，再装入盛器的过程。出勺是整个菜肴制作的最后一个步骤，也是烹调操作的基本功之一。出勺技术的好坏，不仅关系到菜肴的形态是否美观，而且关系到菜肴的清洁卫生。

1. 操作方法

出勺的手法很多, 主要有以下几种。

（1）拉入法。将炒勺端到盛器上方, 倾斜炒勺, 用手勺将菜肴拉入盛器中。

（2）拨入法。用筷子或手勺将菜肴慢慢地拨入盛器中。

（3）倒入法。将炒勺端到盛器上方, 直接将菜肴倒入盛器中。

（4）舀入法。将汤菜用手勺舀入盛器中。

（5）拖入法。将炒勺端近盘边, 炒勺倾斜, 用手勺连拖带倒地把菜肴拖入盘中。

（6）扣入法。借助于扣碗, 将菜肴翻扣于盛器中。

2. 技术要领

（1）炒勺不宜离盛器太近, 不要用手勺敲炒勺, 防止锅灰落入盛器。

（2）根据菜肴特点选择与之相适应的出勺方法。

（3）菜肴应装在盛器中间, 不能将汤汁溅在盛器四周。

（4）菜肴盛装时, 要尽量突出主料和原料的优质部位。

（5）把握好出菜的时机。当菜肴达到质量要求时, 要尽快出菜。

3. 适用范围

拉入法适用于小型菜肴的装盘, 呈自然堆积状。拨入法适用于烹调形体较小、无汁的炸菜。倒入法适用于质嫩勾薄芡的菜肴。舀入法适用于汤羹类菜肴。拖入法适用于烧、扒、焖等方法制作的整形原料（特别是整条鱼）。扣入法适用于蒸制完后再浇淋芡汁的菜肴。

### 知识链接三　以水为传热介质的烹饪方法

以水或汤汁为主要传热介质, 使原料受热成熟, 这种烹饪方法称为以水为传热介质的烹饪方法。在行业中, 以水为传热介质的烹饪方法主要有煮、汆、烧、扒、焖、炖等。中式烹调师在初级阶段要掌握煮、汆、烧三种烹饪方法。

### 一、煮

1. 概念

煮是将初步熟处理的半成品或腌渍上浆的生料, 加到锅中的清水或汤汁中, 先用旺火烧开, 再用中小火加热、调味成菜的方法。

2. 工艺流程

选料→切配→煮制调味→装碗成菜。

3. 技术关键

（1）原料要求新鲜, 富含蛋白质, 原料中的呈味、呈鲜物质易溶于汤中。

（2）原料刀工成形多以丝、片状为主，鱼类以段、块或整形居多。

（3）根据原料的性质和成菜要求掌握好火力和加热时间。

（4）口味一般以咸鲜为主，川菜中的水煮类则突出麻辣的风味。

（5）掌握好汤菜的比例，要求汤菜各半，避免汤少菜多或汤多菜少。

## 二、汆

### 1. 概念

汆是以水或鲜汤为传热介质烹制汤菜的烹调方法。

### 2. 工艺流程

选料→切配→上浆或制泥→汆制→装碗成菜。

### 3. 技术关键

（1）宜选用质地脆嫩的动植物性原料。

（2）刀工成形以丝、片、丁为主，要求大小、粗细均匀一致，加工成泥状的原料要去筋剁细，拌匀上劲。

（3）原料有时需要上浆，是为了使原料更加细嫩，色泽更加洁白。

（4）成品汤量要多，并且汤味一定要鲜，口味以咸鲜味为主，也可以是酸辣味。

## 三、烧

烧是将经过初步熟处理的原料，加适量汤（或水）和调味品，先旺火烧沸，改中小火加热至熟透入味，再用旺火收汁成菜的一种烹调方法。烧制工艺具体可以分为红烧、白烧等。

### 1. 红烧

（1）概念。红烧是将初步熟处理后的原料放入锅中，加入鲜汤，旺火烧沸，加入有色调味品，改用中小火烧至熟软汁稠，勾芡或自然收汁成菜的烹调方法。

（2）工艺流程。

选料→切配→初步熟处理→调味烧制→收汁→装盘成菜。

（3）技术关键。

①原料成形以条、段、块、厚片居多，也有整条（只）或自然形状的。

②初步熟处理时根据原料性质选择合适的方法，大多以过油为主。

③过油走红前，原料涂抹上色要均匀，以免出现颜色深浅不一的现象。

④添汤或水的量以淹没原料为宜。

⑤调味、调色要准确。

⑥加热过程中火候要掌握好，先旺火烧沸，适时改用中小火，最后旺火收汁。

⑦收汁是红烧菜肴的关键，有助于提色和增强菜肴光泽。

## 2．白烧

（1）概念。白烧是指成菜汤汁为白色的烧制法。其做法与红烧基本相同，不同的是白烧不加有色调味品，成菜保持原料本身的色泽。

（2）工艺流程。

选料→切配→初步熟处理→调味烧制→收汁→装盘成菜。

（3）技术关键。

①原料新鲜、细嫩、易熟。

②调味品应是无色的，如食盐、味精、白糖等，忌用有色调味品。

③白烧的烧制时间较短，以保证菜肴鲜美清香。

④收汁勾芡不宜太浓。

### 知识链接四　焯水与热处理

焯水预熟处理简称焯水，又称为汆水，是把生的原料放入水中进行加热，使其达到符合烹调要求的半熟或刚熟状态的半成品处理方法。焯水应根据原料性质掌握加热时间，选择适宜水温；注意防止原料串味与染色；注意营养风味变化，尽可能不过度加热。

在焯水过程中原料会发生多种化学变化和物理变化，有些变化对营养、味感、质感和外观等方面是有利的，而有些是不利的。通过焯水，可以去除一些禽畜类肉和内脏的腥膻味，去除一些蔬菜类原料的苦涩味、辣味，也可以保持和改变原料的脆嫩质感，保持原料鲜艳色泽，增加原料色彩，使原料定形等。有的干果类原料，如板栗、核桃、莲子等焯水后才容易去皮。焯水还能缩短正式烹调时间，这些都是有利的一面。但是，在焯水过程中，也会伴随产生一些不利的变化。原料加热会使原料中的蛋白质、脂肪等物质分解，形成容易溶解于水的物质，这些是形成鲜味的主要物质，焯水会使其溶解于水中降低鲜味，所以这类汤汁最好留用。焯水会使有些原料发生颜色的变化，在处理这类情况时，往往通过缩短加热时间和快速降温来保持原料颜色。有些原料中含有维生素、无机盐等营养成分，它们不耐高温，又容易被氧化，还易溶解于水中，焯水很容易损失这类营养物质，所以针对这类原料应考虑是否焯水或选择最好的焯水方法，尽量减少营养的流失。

焯水分为冷水锅预熟处理和热水锅预熟处理。

### 一、冷水锅预熟处理

#### 1．操作步骤

经过初加工后的原料与水同时下锅，一起加热到所需程度后捞出晾凉备用。

2．工艺流程

原料选择→洗净→放入冷水锅中一起加热→翻动原料→控制加热程度→捞出→晾凉备用。

3．适用原料

冷水锅预熟处理的动物性原料主要是牛肉、羊肉以及家畜内脏等异味较重、血污较多的原料。这些原料如果采用热水锅预熟处理方法，表面会骤然受热紧缩，里外生熟不一，腥膻和血污去不透。

根茎类蔬菜一般也多采用冷水锅预熟处理方法。因为此类原料往往质地坚实、体积较大，热能在原料体内传热速度较慢，如果采用热水锅预熟处理，可能会出现表面已经熟软而内部还生硬的情况，使得原料内外的成熟度不一致，如笋、土豆、红薯、芋头等。

4．操作要领

（1）冷水锅预熟处理时，水量要淹没原料。

（2）需要边加热边翻动原料，使原料受热均匀。

（3）达到所需成熟度时，要及时捞出，防止加热过度。

## 二、热水锅预熟处理

用热水锅预熟处理时，绿叶蔬菜、鸡鸭肝、海鲜等都要用沸水，要快速出水，并用冷水漂清；容易脱色的菠菜、苋菜等和色浅容易被染色的土豆、笋等，要单独焯水，以免相互染色；芹菜等有异味的原料也要单独焯水，避免与其他原料串味。

1．操作步骤

先将水烧沸腾后，再将加工处理的原料投入沸水中加热到所需程度，捞出晾凉备用。

2．工艺流程

原料选择→洗净→水烧沸腾→放入原料→翻动原料→控制加热程度→捞出→晾凉备用。

3．适用原料

沸水锅预熟处理适用于加工血污和异味较少的鸡、鸭、猪肉、蹄筋等动物性原料，大部分叶类蔬菜，如白菜、青菜、绿豆芽、菠菜等，以及加工处理成丁、丝、块、条等形状的根茎类蔬菜，如萝卜、莴笋等。

4．操作要领

（1）必须做到沸水下锅，做到水宽、火旺、温度高、速度快、时间短。

（2）有异味和容易脱色的原料应单独焯水，防止污染其他原料。

（3）焯水时间要控制好，防止过度加热。

（4）动物性原料采用沸水锅预熟处理前要清洗干净。

需要说明的是，原料加工采用冷水锅预熟处理还是采用沸水锅预熟处理，不是一成不变的，需要具体问题具体分析。总的原则是，如果需要更好地保持原料的营养和风味，宜采用沸水锅预熟处理；如果需要更好地去除原料异味和杂质，宜采用冷水锅预熟处理。

## 步骤五　摆盘

将炒制好的西芹百合盛盘，加上装饰小花摆盘，如图 2-1-11 所示。

图 2-1-11　西芹百合摆盘

### 知识链接　菜肴盛器知识

菜肴与盛器在具体搭配时很复杂。形态各异、色彩和图饰不同的盛器与同一种菜肴组配时会产生迥然各异的视觉效果；反之，同一盛器与色、形不同的多种菜肴配合，也会产生形形色色的审美效果。不同的质地、形态以及色彩与图饰的盛器给人以不同的审美印象。

#### 一、热菜常用盛器的种类

菜肴盛器是指烹调过程的最后一道装盘工序所用的各种器皿。俗话说"好马配好鞍"，精美的佳肴以精致的器具相配，才能相得益彰，使内在美和外在美达到完美统一，在满足人们食欲的同时给人以美感享受。一般来说，餐桌上的盛器具有双重功能，一是使用功能，二是审美功能。

应根据菜肴的具体情况选择餐具的大小、形状、色彩。从餐具的质地材料来看，有金（或镀金）、银（或镀银）、铜、不锈钢、瓷、陶、玻璃、木、竹、漆器、镜子等材质；从形状上看，有圆形、椭圆形、方形、多边形等多种形状；从性质来看，有盘、碟、碗、平锅、明炉、火锅等品种。

## 二、热菜盛器选用原则

菜肴盛装的器皿应根据菜肴品种进行选择。盛器大小，既要与菜肴数量、形状和烹调方法相适应，又要与菜肴的色彩和宴会的档次相适应。选择餐具时应考虑以下几个方面。

1. 依菜肴的档次定盛器

首先必须确定宴席菜肴属于什么类型，再根据菜肴类型来确定配何种质地的餐具。菜肴的档次是相对的，不能一概而论，原则上高档宴席应用高档餐具，一般宴席应用一般餐具。（注意：无论选用何种餐具，都不可使用残缺破损的器皿。）

2. 依菜肴的类别定盛器

菜肴的类别分为大菜、炒菜、冷菜等。一般原则为：大菜和花色拼盘用大器皿，其他用小器皿；无汤水的用平盘，有汤水的用深盘和碗。

（1）爆、炒、炸、煎类菜品的盛器选用。这类菜品一般无汤汁，盛装的餐具以平盘为主，形状可以是圆形盘、腰形盘，也可以选择异形或分餐盘。零点菜品一般选用9寸（1寸约等于3.33 cm）圆盘或12寸腰盘。宴席一般选用12~14寸圆盘或16寸腰盘。

（2）烧、烩、蒸、扒类菜品的盛器选用。这类菜品一般带有一定的汤汁或卤汁，餐具的选用宜以汤盘为主，盘子比平盘稍深一点，防止汤汁外溢。也有部分烧菜、烩菜选用碗或煲等盛器，主要根据菜品的要求来灵活选用。单独零点菜品一般选用12寸圆盘或14寸腰盘。宴席一般选用14~16寸圆盘或18寸腰盘。

（3）炖、焖、煨、煮类菜品的盛器选用。这类菜品一般汤汁较多，餐具多选用汤碗或砂锅。装盘时汤汁不能超过餐具的90%，最好是将烹制菜品的砂锅直接上桌，这样既可以保持温度，又可以防止香气流失。

3. 依菜肴形状、色泽选用盛器

依照菜肴的形状、色泽确定盛器的选取，应注意盛器的形状要与菜肴成品的形状相符合，比如整鱼菜品应选用腰盘盛装。餐具的色泽应与菜点的色泽相配，可采用其他颜色的盘子或白色盘子加以点缀盛菜。

4. 依菜肴的数量定餐具

为了适应用餐人数的需要，在同一类别餐具中仍需再分多个规格，如平盘中有5寸盘、7寸盘、8寸盘、9寸盘、10寸盘等规格。

一般菜点的容量占餐具的80%~90%为宜，多则满，少则欠。要使菜肴装在餐具中显得饱满，但不要显得臃肿。

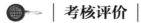 **考核评价**

### 西芹百合的制作与烹调过程考核评价表

| | 学习项目2-1 西芹百合的制作与烹调 | | | | |
|---|---|---|---|---|---|
| 学员姓名 | | 学号 | 班级 | 日期 | |
| 项目 | 考核项目 | 考核要求 | 配分 | 评分标准 | 得分 |
| 知识目标 | 菜肴组配及配菜的基本要求和方法 | 掌握菜肴组配及配菜的基本要求和方法 | 10 | 对菜肴组配及配菜的基本要求和方法相关知识的考核，错一项扣2分 | |
| | 餐具选用的原则和标准，不同菜肴的餐具选用 | 掌握餐具选用的原则和标准以及不同菜肴的餐具选用 | 5 | 对餐具选用的原则和标准，及不同菜肴的餐具选用实操，不熟练扣1分 | |
| | 临灶操作 | 掌握临灶操作技术 | 5 | 对临灶操作技术的考核，错一项扣1分 | |
| | 水锅预热处理的方法及要求，能够对原料进行冷、热水锅预处理 | 掌握水锅预热处理的方法及要求，能够对原料进行冷、热水锅预处理 | 10 | 对水锅预热处理的方法及要求知识的考核，不熟练扣1分；对原料进行冷、热水锅预处理实操，不熟练扣2分 | |
| | 翻勺（或翻锅）的种类及技术要求 | 掌握翻勺（或翻锅）的种类及技术要求 | 10 | 翻勺（或翻锅）的种类及技术实操，不熟练扣2分 | |
| | 以水为导热介质的烹饪方法，能运用煮、氽、烧的方法制作常见菜肴 | 掌握以水为导热介质的烹饪方法，能运用煮、氽、烧的方法制作常见菜肴 | 10 | 掌握以水为导热介质的烹饪方法，运用煮、氽、烧等方法制作常见菜肴技术实操，不熟练扣2分 | |
| 能力目标 | 根据菜肴规格配置主、配料数量，根据品种选用餐具 | （1）熟悉菜肴组配；（2）掌握配菜的基本要求和方法；（3）能够根据菜品正确选用餐具 | 10 | （1）对菜肴组配的概念不熟悉，错一项扣2分；（2）配菜的基本要求和方法不正确，错一次扣2分；（3）菜品选用餐具不合理，扣2分 | |
| | 对原料进行冷水锅、热水锅预熟处理 | （1）能对原料进行冷水锅预熟处理；（2）能对原料进行热水锅预熟处理 | 10 | （1）对原料进行冷水锅预熟处理不熟练，扣2分；（2）对原料进行热水锅预熟处理不熟练，扣2分 | |
| | 掌握水导热的概念如煮、氽、烧的概念及技术要求 | （1）掌握水导热的概念；（2）掌握水导热原理下煮、氽、烧的概念及技术操作 | 10 | （1）掌握水导热的概念，错一项扣2分；（2）掌握水导热原理下煮、氽、烧的概念，技术操作不熟练，每项扣2分 | |

（续表）

### 学习项目 2 - 1　西芹百合的制作与烹调

| 学员姓名 | | | 学号 | | 班级 | | 日期 | |
|---|---|---|---|---|---|---|---|---|
| 项目 | 考核项目 | | 考核要求 | 配分 | 评分标准 | | | 得分 |
| 方法及社会能力 | 过程方法 | | （1）学会自主发现、自主探索的学习方法；<br>（2）学会在学习中反思、总结，调整自己的学习目标，在更高水平上获得发展 | 10 | 能在工作中反思，有创新见解，能自主发现、自主探索，酌情得 5~10 分 | | | |
| | 社会能力 | | 小组成员间团结、协作共同完成工作任务，养成良好的职业素养（工位卫生、工服穿戴等） | 10 | （1）工服穿戴不全扣 3 分；<br>（2）工位卫生情况差扣 3 分 | | | |
| | 实训总结 | | 你完成本次工作任务的体会（学到哪些知识，掌握哪些技能，有哪些收获）： | | | | | |
| | 得分 | | | | | | | |

 **｜工作小结｜** 西芹百合的制作与烹调工作小结

1. 我们完成这项学习任务后学到了什么知识和技能？

_____

_____

_____

_____

_____

_____

_____

_____

_____

2. 我们还有哪些地方做得不够好，我们要怎样努力改进？

_____

_____

_____

_____

_____

_____

_____

_____

_____

_____

## 学习项目二　宫保鸡丁的制作与烹调

### 任务描述

某酒店厨房收到餐饮部散客点餐通知，需要制作烹调热菜宫保鸡丁，如图 2 - 2 - 1 所示，数量 1 份，要求 15 分钟内完成。

宫保鸡丁是一道闻名中外的特色传统名菜，在很多菜系中都有收录，但其原料、做法略有差别。该菜式的起源与鲁菜中的酱爆鸡丁和贵州菜的胡辣子鸡丁有关，后被改良形成新菜式宫保鸡丁，并流传至今，此道菜被归纳为北京宫廷菜。

宫保鸡丁选用鸡肉为主料，佐以花生米、辣椒等辅料烹制而成。菜品色泽红润、香辣味浓、肉质滑脆。由于其入口鲜辣，鸡肉的鲜嫩配合花生的香脆，舌尖先感觉微麻、浅辣，而后冲击味蕾的是一股甜意，咀嚼时又会有些酸的感觉，麻、辣、酸、甜口感包裹下的鸡丁、葱段、花生米，使人欲罢不能。

宫保鸡丁富含蛋白质、钙、磷、铁、维生素及碳水化合物等营养成分，具有温中益气、滋补五脏、健脾胃、壮筋骨的功效，可养身滋补、增进食欲、促进人体健康、增强机体抵抗能力。

图 2-2-1　宫保鸡丁

 **接受任务**

热菜配份出餐表如表 2-2-1 所示。

表 2-2-1　热菜配份出餐表 （宫保鸡丁）

| 菜名 | | 宫保鸡丁 | 出餐时间 | 15 分钟 |
|---|---|---|---|---|
| 台号 | | 10 号台 | 装盘要求 | 热菜盘，摆盘精美 |
| 调味品及要求 | | 食盐、料酒、味精、酱油、白糖、醋、水淀粉等 | | |
| 序号 | 主料 | 数量 | 辅料 | 数量 |
| 1 | 鸡腿肉 | 250 g | 葱 | 45 g |
| 2 | 花生米 | 50 g | 姜 | 10 g |
| 3 | | | 干辣椒 | 适量 |
| 4 | | | 花椒 | 适量 |
| 5 | | | 辣椒油 | 适量 |
| | | | | |
| | | | | |

 **任务实施**

任务明确，可以开始工作了！

## 步骤一　岗前准备

按照要求进行个人卫生、着装、仪容仪表和操作环境准备。

## 步骤二　食材的初加工

（1）取新鲜鸡腿去骨、去皮后洗净，用刀背拍松鸡肉，切成 1.5 cm 大小的丁放入盘中备用，如图 2-2-2 所示。

（2）用开水冲泡花生米，剥去外皮，清洗干净备用，如图 2-2-3 所示。

图2-2-2　鸡肉切丁

图2-2-3　花生去皮

### 知识链接一　家禽类原料的清洗整理

家禽类原料是制作菜肴的重要原料之一，使用广泛，常用的有鸡、鸭、鹅、家鸽、鹌鹑等。家禽类原料的组织结构大致相同，其初加工的方法也基本相同，一般都要经过宰杀、烫泡、煺毛、开膛去内脏、洗涤这几个环节。

#### 一、家禽初加工质量要求

近年来，随着人民生活水平的提高，城乡居民肉类产品消费结构不断调整，家禽肉类产品生产和消费比重越来越大。同时，家禽肉类产品质量安全及禽流感防控问题也日益受到关注。根据有关规定，国家实行畜禽定点屠宰制度，畜禽定点屠宰厂（场、点）应当对畜禽屠宰活动和畜禽产品质量安全负责。

目前，国内大中城市市场供应的家禽都是由畜禽定点屠宰厂（场、点）宰杀后提供的，但乡镇餐饮经营单位，特别是农家乐等餐饮单位因其经营特色，大多由厨师宰杀家禽，因此要注意科学处置畜禽粪便、污水等废弃物，防止污染环境，并应达到以下家禽初加工的质量要求。

1. 宰杀操作准确，宰杀质量高

宰杀家禽时为了节约加工时间，可同时割断其血管、气管，确保顺利放血，这样家禽会迅速断气死亡、流尽血液。如果气管、血管没有完全割断或者血液排不尽，会导致禽肉色泽发红，从而影响烹饪菜肴成品质量，同时还限制了原料的用途。

2. 符合卫生要求，防止污染

加工家禽时要防止细菌和微生物的侵蚀，防止原料交叉污染。特别是在开膛处理内脏时不要碰破胆囊，以免污染肉质。口腔、刀口处、腹腔、肛门等部位应用冷水冲洗干净，确保原料的卫生。特别是禽类的内脏，必须反复冲洗，直至血污冲洗干净为止。有的还需用盐搓洗干净，否则会影响菜肴的颜色和口味。

### 3. 控制好水温，煺毛干净

家禽毛要根据原料的品种、老嫩和季节的变化来调控好烫泡时的水温和烫泡时间的长短，这一环节相当关键。一般情况下，烫泡质老的家禽水温要高一些，时间应略长一些。冬季烫泡家禽水温偏高一些，时间略长一些，夏秋两季的水温偏低，时间要短一些。不同品种禽类烫泡的时间和水温有所不同，鸡的肉质较嫩，而鸭、鹅的肉质较老，所以烫泡鸭鹅的时间要比烫泡鸡的时间要长，而且水温要高一些。另外，禽毛是否煺尽是判断初加工质量好坏的重要标准，既要煺尽禽毛，又要保证禽皮完整无破损，以免影响菜肴的整体形态。

### 4. 物尽其用、适合烹调要求

禽类的各个部位都有其用途，如肝、心、胗、肠等都可用来烹制菜肴，头、爪、翅可用来卤、煮汤等。因此，初加工时应注意保存，提高利用价值，降低成本。根据烹饪要求可选取不同的开膛方式，最常用的方式是腹开，这种开膛方法适用于一般的烹调方法；以扒、蒸制的烹调方法烹制菜肴时，一般选用背开的方法来进行开膛处理；烤制时用整只家禽制作菜肴，一般选用腋开的方法进行开膛处理。

## 二、家禽开膛方法

开膛是为了清除内脏，但开膛要根据烹制菜肴的要求采用不同的方式，如腹开、背开、腋开等。必须按照正确方法掏出内脏，而且一定要小心有序，如果破坏了家禽的嗉囊和胆，将给后期的加工带来影响。开膛后取出内脏，再根据不同内脏的不同特性，采取不同方式进行加工处理，从而满足菜肴的下一步加工要求。下面以鸡为例对通常开膛的方法进行讲解。

### 1. 腹开

先用刀在鸡颈右侧靠近嗉囊处开一小口，轻轻取出嗉囊、食道和气管；再在鸡腹部与肛门之间开一刀口，长约 6 cm 左右，左手掌用力托住背脊，右手两指伸入刀口处，轻轻用手掏出全部内脏（注意不要拉破苦胆与肝脏），割断肛门与肠连接处，清洗干净。

此方法应用广泛，用于制作白切鸡、酱鸭、香酥鸭、子姜鸭块、黄焖鸭块等，也是鸡和鸭加工成丝、丁、片、粒、茸等形状时采用的一种取内脏方法。

### 2. 背开

左手稳住鸡身，使鸡背向右，右手用刀顺着鸡的背脊骨从尾部至头劈开，取出全部内脏（注意拉出嗉囊、食道和气管时用力要均匀适度），下刀时要注意，刀口要直、浅，过深的刀口会使刀尖刺破苦胆，影响口感。最后用清水冲洗干净。

此开膛方法大多适用于扒、清炖、蒸等烹调方法。如京葱扒鸭、扒鸡、香菇炖鸡、八宝酿鸡等，其特点是菜肴装盘时，腹部朝上，背部朝下，既看不见裂口，又会使原料显得饱满、丰盛美观。

### 3. 腋开

将鸡身侧放，右翅向上，左手掌根稳住鸡身，手指勾起鸡翅，用右手持刀在鸡右翅下开一刀口，长度约为 5 cm 左右，再用右手中指和食指伸入刀口，将全部内脏轻轻拉出（注意拉出嗉囊、食道和气管时用力要均匀适度），用清水反复冲洗干净。

此开膛方法一般用于烤的烹调方式，其特点在于可使菜肴在烤制时不漏油汁，以保持烤制后菜肴有肥厚、鲜嫩的特色。

不论采用何种方法开膛取内脏，都应注意以下两方面：一是去除内脏时，不能碰破肝胆；二是内脏中的胗、肠、肝、心等均可烹制菜肴，因此尽量不要随意丢弃。

## 三、家禽内脏加工

禽类的内脏除食包、气管、肺污秽重不能食用外，其他都可食用，加工时应坚持节约、卫生的原则，尽可能保护其营养成分。

### 1. 肝

先用手摘去附在肝叶上的胆，用刀割去印在肝叶上的胆色肝，再将肝放在清水盆里，左手托起，右手轻轻地泼水漂洗，直到水清、胆色淡为止。清洗时切忌用水冲洗，泼水用力要轻，防止肝破碎。

### 2. 心

加工时，挤尽心肌部血管内的淤血，用清水洗净。

### 3. 胗

用剪刀顺着胗上部的贲门和连接肠子的幽门管壁剪开，冲洗掉胗内的污物，剥去内壁黄皮，然后用少许盐涂抹在胗上，轻轻揉搓，去除黏液，然后用清水反复冲洗干净。

### 4. 肠

加工时，先将肠子理成直条，抽去附在肠上的两条白色胰脏，去掉肠外污物，然后用剪刀穿入肠子，将肠子剖开，用水冲洗掉肠内的污物，再将肠放在碗内，加入食盐或米醋，用力揉擦以除去肠壁上的黏液，不断用水冲洗干净，直到手感不黏滑、无腥膻气味为止。也可将处理洗净后的鸡肠放入沸水中略烫一下取出，但要注意时间不可过久，以免质感变老，难以咀嚼。

### 5. 油脂

禽类的油脂常分布于禽体腹腔内，包裹在肠、胗的外面，经过加工，可以制成滋味清香、鲜浓、色黄而艳的明油。

以鸡油的加工为例，先将洗净的鸡脂切成小块放入碗内，加入葱、姜、料酒，上笼蒸至油脂融化后取出，除去葱和姜等杂物后即为色黄而香的明油。

### 四、家禽洗涤

#### 1. 除去绒毛、血污

家禽经初加工处理后，要除去绒毛。禽类在宰杀，煺毛，去内脏、肺血后，其身体上还会残留有很多较细小的绒毛，不易用手清理干净，可用少许酒精（或高度酒）涂抹至绒毛上后点燃，烧去残留绒毛。

#### 2. 洗涤

初步加工处理后，必须用冷水将禽类清洗干净，特别是必须反复冲洗禽类的腹腔，直至冲净血污为止，否则会影响烹饪效果。除正常冲洗禽身外，还应注意将易污染、藏污的部分洗涤干净，如口腔的洗涤，颈处气、血管和甲状腺的清除，腹腔的洗涤等。

### 知识链接二　家禽类的分割取料

家禽的分割取料是指根据家禽原料不同部位的品质特点，使用刀具对其进行有目的的切割与分类处理。

1. 家禽原料分割取料的各部位名称及品质特点

（1）鸡的各部位名称及用途见表2-2-2。

表2-2-2　鸡的各部位名称及用途

| 鸡的各部位名称 | 烹调中的用途 | 品质特点 |
| --- | --- | --- |
| 鸡头、鸡颈、鸡架 | 宜于煮汤 | 以骨骼及结缔组织为主 |
| 鸡翅 | 宜于煮、酱、卤、炸、烧、炖 | |
| 鸡腿 | 宜于整用或加工成丁、块，适于炒、爆、熘、炸、烧、煮、卤 | 肌纤维较发达，结缔组织多 |
| 鸡脯 | 宜于加工成丁、条、丝、片、茸、泥等，适于炒、熘、炸、煎、氽、涮 | 以肌纤维为主，含水量较高，肉质细嫩 |
| 鸡爪 | 宜于整用，适用于酱、卤、煮、炖 | 肌纤维少，以骨骼及被皮为主 |
| 鸡心、鸡肝、鸡胗、鸡肠 | 宜于卤、酱、炒、爆 | 质地较细嫩，无骨骼组织 |
| 鸡油 | 宜于炼油 | 以脂肪为主，色淡黄，有光泽 |

（2）鸭的各部位名称及用途，见表2-2-3。

表2-2-3　鸭的各部位名称及用途

| 鸭各部位名称 | 烹调中的用途 | 品质特点 |
|---|---|---|
| 鸭头、鸭颈、鸭架 | 宜于酱、卤等，鸭架宜于煮汤 | 以骨骼及结缔组织为主 |
| 鸭翅 | 宜于煮、酱、卤、炸、烧、炖 | |
| 鸭腿 | 宜于整用或加工成丁、块，适用于炒、爆、溜、炸、烧、煮、卤 | 肌纤维较发达，结缔组织多 |
| 鸭脯 | 宜于加工成丁、条、丝、片等，适用于炒、爆、炸、煎 | 以肌纤维为主，含水量较高，肉质细嫩 |
| 鸭爪 | 宜于整用，适用于酱、卤、煮、炖 | 肌纤维少，以骨骼及被皮为主 |
| 鸭心、鸭肝、鸭肫、鸭肠 | 宜于卤、酱、炒、爆 | 质地较细嫩，无骨骼组织 |
| 鸭油 | 宜于炼油 | 以脂肪为主，色淡黄，有光泽 |

2. 家禽原料分割取料的方法

饮食行业中家禽类原料以鸡、鸭最为常见，这里以鸡为例介绍其分割取料的方法。对鸡进行分割取料时，将净鸡平放在砧板上，在脊背部自两翅间至尾部用刀划一处长口，再从腰部窝处至鸡腿内侧用刀划破鸡皮；左手抓住一侧鸡翅，右手持刀，用刀刃自肩臂骨骨节处划开，剔去筋膜，割下鸡翅和鸡脯；左手抓住一侧鸡腿，反关节用力，用刀在腰窝处划断筋膜，再用刀在坐骨处割划筋膜，用力撕下鸡腿；从胫骨与距骨关节处拆下，再将鸡翅和鸡脯分开、鸡爪和鸡腿分开，所剩即为鸡架。鸭的分割取料方法与鸡的分割取料方法相同。

# 步骤三　加工制作

（1）将切制好的鸡肉丁加入少许料酒、一点盐，用手反复抓至黏稠，再放入干淀粉抓匀，如图2-2-4所示。

（2）锅中加入适量的油，冷锅冷油加入脱皮的花生米（不易炒焦），中火炒至浅焦黄色后盛到盘中散热待用，如图2-2-5所示。

图2-2-4　腌制鸡肉　　　　　图2-2-5　炒制花生米

（3）将适量的姜和蒜切片，葱白切成小圈。

（4）将糖、米醋、料酒、生抽、盐放入容器中调匀，放入葱、姜、蒜，再加入适量水，做成料汁。

### 📽 知识链接一 原料的拍粉与拖蛋液、拍粉的着衣处理

菜肴在正式烹制前，往往会根据原料的烹饪特点以及成菜的要求进行适当的预制加工处理，以便保证菜肴品质。其中拍粉—拖蛋液—拍粉属于预制加工中着衣加工工艺的一种。

#### 一、预制加工概述

烹饪原料的预制加工是指在菜肴正式烹制前，根据原料的烹饪特点以及成菜的要求，对经过一定初加工及刀工处理的烹饪原料进行适当的预先制作加工处理，优化及改良原料的色泽、滋味、质地、风味、形态，是为正式烹制做准备的工艺操作技能。

预制加工是烹调工艺的重要内容，具有很强的技术性，直接关系到菜肴成菜的品质。预制加工工艺主要包括着衣加工工艺、预调味调色工艺、原料初步熟处理工艺、制汤工艺、制冻工艺、制茸胶工艺等。

着衣加工工艺是将经过刀工处理后的烹饪原料表面粘上一层以淀粉为主的浆状或糊状液体的操作加工工艺。

预调味调色工艺是按照成菜的要求，将刀工处理后的原料进行适当的预调味调色处理，为下一步正式烹调做准备的操作加工工艺。

原料初步熟处理工艺是按照菜肴的要求，将经过加工后的原料，用焯水、过油、走红或汽蒸等方法进行加热处理，使之保色、保鲜、保脆嫩、排血污、除异味，或达到半熟、刚熟要求，为正式烹调做准备的操作加工工艺。

制汤工艺是用一些富含营养和鲜味成分的动、植物原料，经水煮提取鲜汤的操作加工工艺。

制冻工艺是将含胶质丰富的动、植物原料进行加热，水解成胶体溶液，以便自然冷凝的操作加工工艺。

制茸胶工艺是将动物性肌肉经过粉碎，加工成茸状，加入水、食盐等调辅料并充分搅拌，形成有黏性的胶状物质的操作加工工艺。

#### 二、着衣概述

1. 着衣的定义

着衣是指将经过刀工处理后的烹饪原料表面粘上一层以淀粉为主的浆状或糊状液体的操作加工工艺。着衣可以使烹饪原料在加热后，质地达到滑嫩、松软或酥脆等要求。根据

所粘裹的液体浓稠度的不同，着衣可分为挂糊和上浆两种。

挂糊和上浆的操作方法基本相同，主要区别在于粘裹在烹饪原料表面的液体的稠和稀。一般来说，挂糊在烹饪原料表面粘裹液体较上浆的浓稠一些。挂糊表示在烹饪原料表面粘裹的液体的浓度较稠，粘裹在烹饪原料表面也较厚，主要用于炸制、炸熘一类菜肴，成菜后口感多为外酥里嫩、酥脆或香酥松泡；上浆表示在烹饪原料表面粘裹的液体的浓度较稀，也较薄，主要用于各种滑熘、滑炒、爆炒、煮等菜肴，成菜后口感多为柔滑脆嫩。

另外，还有一种粘裹干粉的方法（有的叫拍粉），就是在经过刀工处理后的烹饪原料表面，均匀地粘裹一层干细淀粉、面粉或面包粉等粉粒状的物质，主要用于制作某些炸制类菜肴的半成品原料。

2. 着衣的作用

（1）保护原料的水分和风味。着衣后的原料经过滑熘、炒制、煮等烹制成菜后会有柔滑嫩脆的特点；着衣后的原料经炸制、炸熘等烹制成菜后会有外酥内嫩、酥脆或香酥松泡等特点。究其原因，其中一个方面是经过着衣处理，粘裹在原料表面的淀粉受热糊化凝结成一层胶体状物质，这层物质会阻碍热的传递和液体的渗透，使原料不直接与外界的油、水等接触，油、水等不易浸入原料内部，原料内部的水分和鲜味也不易外溢，所以保持了原料的本味，非常鲜嫩。例如，鸡、猪肉、鱼肉等原料若不经过着衣处理，直接放入旺火热油中，它的汁液就会很快被油驱散、耗干，鲜味也会因汁液外溢而被破坏，致使肉类变得既老又硬，难以咀嚼，达不到鲜嫩柔滑的目的。

原料采用着衣与否，在加热过程中原料水分的变化差异是很大的。挂糊炸制猪里脊肉比直接炸制的水分保存率高出18%～56%，而鸡脯肉高出15%～30%，鱼肉高出34%～41%。挂糊的种类不同，对原料保水的影响效果也存在差异。一般来说，蛋泡糊的保水效果最好，全蛋淀粉糊次之，水粉糊较差。例如，猪里脊肉挂蛋泡糊比挂全蛋淀粉糊的水分保存率提高34%，比挂水粉糊提高38%；鸡脯肉的水分保存率则分别提高13%和15%。

（2）保护原料的形态。各种加工成形的菜肴原料如鸡、鸭、鱼、肉等，在加热过程中很容易出现碎烂、卷缩、松散、断裂、干糖等现象，通过着衣处理，使原料外表多了一层保护层，这一操作可使原料肉质紧收，增强黏性，这样既可避免上述意外的产生，又可使原料表面显得光滑饱满，又因为油脂的滋润作用，原料表面色泽光润，增加了菜肴的造型美观性。

（3）形成丰富口感。着衣处理后的原料使用油、水等介质加热，可形成丰富的口感。着衣处理所使用的淀粉糊在油、水中经过加热，会凝结成一层保护性外壳，减慢热能在原料中的传递速度，又会阻碍原料水分的溢出，对原料内部具有保护作用，减少原料水分的散失，可使原料成菜后形成软嫩的口感。另外，着衣处理的原料经过高温油炸，由于油的传热速度快，而原料传热速度慢，加上淀粉阻碍热的传递，这样会使原料里外受热不均匀，原料表面在油的作用下快速失水，形成酥脆质感，而原料内部因受热较慢失水较少，可形成菜肴外松内嫩、外香内嫩多种口感。

（4）提高菜品的营养价值。如果直接与高油温接触，原料中所含的蛋白质、脂肪、维生素、矿物质等营养成分必然遭到大量的破坏、损失，经过着衣处理后，淀粉经加热糊化，会在原料表面形成一层保护层，间接加热原料，使原料所含有的营养成分不受损伤或减少损伤，而且，着衣处理时调制的糊、浆等会使用淀粉、蛋液，其本身也含有丰富的营养成分。同时，淀粉在酶、酸、高温等条件下，会分解为易被人体消化吸收的葡萄糖等，增加了菜肴的营养价值。

（5）增加菜肴创新的手法。同一种原料因着衣的种类不同，以及着衣处理时选用的浆和糊的种类不同，会表现出不同的风味，这也是菜肴创新的途径之一。例如都是选择鱼片进行炸制成菜，鱼片若选用蛋泡糊进行挂糊处理，炸制的菜肴则为"松炸鱼片"；而选用挂全蛋淀粉糊炸制，则为"椒盐鱼片"；换用拍粉制作的菜肴则为"香酥鱼排"，三种菜肴成菜后的质地有较大差异。

3. 着衣的种类

根据烹调的具体要求以及着衣加工方法的不同，常见的着衣处理可分为上浆、挂糊、拍粉三大类型。拍粉是在加工好的原料表面粘上以干细淀粉为主的粉粒状的物质，而上浆、挂糊是将加工好的烹饪原料表面粘裹一层以淀粉与水、鸡蛋液等调成的浆状或糊状的物质。这三种方法对烹饪原料的保护原理是基本相同的，主要是利用淀粉等的糊化和鸡蛋蛋白质的凝固形成致密的结构外壳，阻止原料内部的水分外渗丧失，从而保持原料的细嫩度，对原料起保护作用。

### 三、拍粉

1. 拍粉的操作方法

将经过刀工处理和腌制的原料，直接拍上干细淀粉、面粉等。原料不需上浆或挂糊，拍粉后直接炸制或油煎成形。

2. 粉料的选择

直接拍粉的粉料多选用干细淀粉、面粉等。

3. 适合拍粉的菜肴

拍粉有拍湿干粉、干粉、半煎炸粉、吉列粉等，主要适用于干炸类、酥炸类、煎类、吉列炸类的菜肴，可使成品酥脆肉嫩，色泽金黄，如干炸里脊、香酥鸭、煎鸡脯、吉列鱼块等菜肴。

### 四、拖蛋液、拍粉

1. 拖蛋液、拍粉的操作方法

先将鸡蛋打散成蛋液，将经过刀工处理和腌制的原料放入蛋液中粘上蛋液，以增强黏性，再将原料表面粘上粉料。也可以将鸡蛋液与淀粉调匀成糊状，将经过刀工处理和腌制的原料先粘上糊，再将原料表面粘上粉料。

2. 粉料的选择

拖蛋液、拍粉选择的粉料应该是干燥的粉粒状。如果选用潮湿的粉料则不容易达到酥香的质地，也不容易均匀包裹在原料表面。如果粉料的颗粒太大则又不易粘牢，容易脱落。因此，最常用的粉料有以下几类。

（1）香粉类的粉料。此类粉料包括面包屑、面包丁、饼干末、椰蓉、燕麦片等。

（2）干果类的粉料。此类粉料包括芝麻、花生末、核桃仁末、松仁、杏仁、瓜子仁等。

（3）丝形的特殊粉料。常选用的特殊粉料包括腐皮丝、土豆丝、芋头丝、糯米纸丝、银丝粉、细面条等。

3. 适合拖蛋液、拍粉的菜肴

经拖蛋液、拍粉处理后，原料表面的粉料经过油炸会形成香酥口感，有很明显的特色，因此主要适用于香酥类菜肴，如拍香粉类粉料制作的面包猪排，拍干果类粉料制作的芝麻鱼排、花生仁鸡排，拍丝形特殊粉料的波斯豆腐等。成菜后的特点是色泽金黄、表皮软酥。

## 知识链接二 动物性原料的腌制处理

动物性原料自身大多含有带有腥膻异味的成分，成菜后会影响菜品品质，在烹调加工中应采用适当的方法去除这些异味。加工方法多采用腌制处理，通过对动物性原料进行腌制处理，不但可以去除异味，还可以使原料有一定的基础味道。

### 一、腌制概述

腌制又称码味、着味、打底味，是烹调中重要的基本技术。

1. 腌制的定义

腌制是指在菜肴烹制前，按烹调方法和成菜的要求，在原料中拌和或在原料表面涂抹一种或几种调味品，如食盐、酱油、料酒、姜、葱、花椒等，从而使其具有基础滋味的操作技术。

2. 腌制的作用

（1）渗透入味。动物性原料经调味品腌制后，咸味、香味渗透其内，烹制成菜后能增加滋味。植物性原料含水量较多，在烹制时会渗出较多的水分，影响成菜效果，在烹制前，加入适量食盐腌制，既可以使其有滋味，又可以去掉多余的水分，成菜后保持原料本身的细嫩、鲜脆、清爽特色。

（2）除异增香。动物性原料经腌制后，在食盐、料酒、姜、葱、花椒、香料、酱油等调味品的作用下，烹制前就能除去部分腥、膻、臊等异味，增加鲜味。植物性原料在食盐的作用下，能去掉原料所带有的土、涩等异味，突出原料本来的鲜味。

### 二、动物性原料腌制

1. 动物性原料腌制的方法

根据原料的性质、烹调方法和菜肴味型的不同需要，动物性原料腌制的方法大体可归纳为下列几种。

（1）用食盐、料酒，或用酱油、食盐、料酒在上浆、挂糊前腌制，主要用于炒、熘、爆等菜肴原料基础上味。

（2）用食盐、胡椒粉、姜、葱、料酒腌制，具有和味除异的作用，在调料配合中突出咸鲜味，多用于蒸食的菜肴原料。

（3）用食盐、酱油、料酒、姜、葱腌制，在调料配合中突出咸鲜味和姜、葱的香味，一般用于炸、熏、烤食的菜肴原料。

（4）用五香粉、食盐、姜、葱、花椒、料酒、酱油腌制，在调料配合中以五香味为主，一般适合于炸、熏、蒸、腌等菜肴的原料。

（5）用食盐、整花椒腌制，适用于腌、卤、熏的菜肴原料。这种腌制方法的目的在于逼出原料中的血水，渗透入味，保持鲜味，增加色泽，以便为定味制作打下基础。

2. 动物性原料腌制的一般原则

（1）区别不同情况确定腌制的时间。根据制作方式确定腌制时间，如炒、爆、炸等类菜肴原料的腌制，应在挂糊和上浆前进行；炝、煎、蒸、焗等类菜肴原料的腌制，应在加热前的一定时间内进行。

根据原料性质确定腌制时间，腌制时间的长短一般是：异味轻、本味鲜的原料腌制时间短，而异味重、咸味重的原料腌制时间宜长些。

（2）严格控制腌制味道的浓淡高低。腌制时味道的浓淡要符合烹调和成菜的要求，不能过高或过低从而影响质量。腌制使用的调料应有重轻之分，如五香味的菜肴应重用五香粉；腥、膻、臊等异味较重的原料应重用姜、葱、料酒或曲酒；本味鲜的原料只宜辅佐其鲜味，咸味应适当，否则便失去码味的作用。

## 步骤四　烹饪制作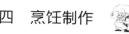

（1）先将锅烧热，倒入适量油，待油温至七成热时，放入腌好的鸡丁，翻炒至鸡肉变白盛出，如图 2 - 2 - 6（a）所示。

（2）锅中剩少许油，放入花椒、干辣椒，用中小火炒香后，将准备好的色料汁里浸泡的葱姜蒜捞出，放入锅中炒出香味。

（3）锅内倒入预炒制后的鸡肉，用大火炒制30秒，再倒入准备好的料汁，炒制鸡肉颜色变油亮时，加入适量辣椒油，最后放入花生米翻炒即可，如图2-2-6（b）所示。

（a）　　　　　　　　　　　　　　（b）

图2-2-6　宫保鸡丁的烹调

（a）预炒制鸡肉丁；（b）加入花生米炒制

## 知识链接　菜肴的调味

味道是菜肴的灵魂，也是评价菜肴质量的一个重要因素。调味对于中式烹调来讲是至关重要的。

### 一、调味的原则

1. 把握适时、适量、投料准确的原则

调味适时包括两个层次的含义：一是调和菜肴风味，要合乎时序，注意时令。因为季节气候的变化，人们对菜肴的要求也会有所改变。在炎热的季节，人们往往喜欢口味清淡、颜色雅致的菜肴；在寒冷的季节，人们则喜欢口味浓厚、颜色较深的菜肴。在调味时，要根据季节的变化，灵活掌握。二是烹调中投放调味品和原料要讲求时机得当，顺序正确，就是根据调味品的性质确定谁先谁后，要井然有序，并使主料、辅料、调味品等密切配合。

适量是指调味品的用量和比例恰当。用量合适就是根据原料的数量来确定调味品的用量，原料多，调味品的用量就多，做到调味恰到好处。比例恰当，就是根据菜肴的滋味要求，来确定各种调味品之间的比例，严格控制调味品组合，保证同一菜肴调味的一致。

2. 把握特色名菜按既定规格来调味的原则

中式烹调技艺经过长期的发展，形成了许多名菜佳肴，各个菜系也形成了不同的调味特色和相对固定的味型。味型主要由滋味来体现。在烹调时，要按照相应的规格要求调味，保持风味特色，不能随意改变。

### 3. 把握因料施调的原则

烹饪原料种类繁多，性质各异，调味时要根据原料的性质进行调味。简而言之，"有味使之出，无味使之入，异味使之去"，即滋味鲜美的原料不应被调味料的滋味所掩盖，要使其鲜美的味道呈现出来；对于本身无明显滋味的原料，调味时要加入鲜汤等来弥补其不足；对于腥膻异味较重的原料，调味时要将异味去除。

### 4. 把握"适口"原则

味的调制变化无穷，但关键在于"适口"。把握"适口"原则，可以从两个方面开发菜肴口味：一是通过消费群体对菜肴风味的需求引导菜肴风味的变化，不能死搬硬套；二是开辟新的味源，引导消费群体接受新的口味。

## 二、味觉的定义和特性

### 1. 味觉的定义

味觉是指食物中可溶解于水和唾液的化学物质作用于人的舌头表面和口腔黏膜上的味蕾所引起的感觉。食物进入口腔后，其中可溶性成分溶于唾液中，刺激舌头表面的味蕾，再由味蕾通过神经纤维把刺激传导到大脑的味觉中枢，经过大脑分析而产生了对味的感觉，即味觉。就味觉产生的全部过程看，呈味物质、味觉感受器、溶剂（唾液）等是形成味觉的基本要素，缺一不可。

### 2. 味觉的特性

味觉具有灵敏性、适应性、可溶性、变异性、关联性等五个基本特性，是形成调味规律的生理基础。

（1）灵敏性。味觉的灵敏性是指味觉的敏感程度，由感味速度、呈味阈值和味的分辨力三个方面综合反映。味觉的灵敏性高是形成"百菜百味"的重要基础，调味要做到精益求精，既要突出菜肴的主味，又要使各味有机融合，为味觉的灵敏分辨提供物质前提。

（2）适应性。味觉的适应性是指由于持续受到某一种味的作用而产生对该味的适应，根据适应消失的时间不同，可分为短暂适应与永久适应两种形式。

①短暂适应。短暂适应是指人们在较短时间内多次受某一种味的反复刺激而产生的味觉瞬时对比现象。这种短暂适应只会在一定时间内存在，超过一定时间，这种适应的现象便会消失。例如，人们在吃麻辣火锅时，开始可能觉得味道偏辣，吃到最后时，反而觉得辣味不算太重了，这是对辣味产生了短暂适应，过一段时间就会恢复原来的味感。在配制套餐菜肴时，要尽可能防止味觉产生短暂适应，其方法是同一桌菜肴尽可能安排不同味型的菜肴，上菜顺序也尽可能使相邻菜肴的味型相差较大。我们在鉴赏菜肴时，往往品尝一口菜后会用清水漱口，防止产生短暂适应的现象。

②永久适应。永久适应是由于长期受到某一种过浓滋味的反复刺激形成的适应，并在相当长的一段时间内都难以消失。这就是我们说的饮食习俗之一。具有特定口味习惯的人，长期接受某一种味的反复刺激，就会形成对该种味觉的永久适应。例如，四川人喜欢麻辣味，山西人喜欢较重的酸味等，都形成了各自独特的地方饮食风俗。

俗话说"一方水土养一方人"，味觉的永久适应要求在调味时注意根据消费者具体情况来灵活调味，正所谓"物无定味，适口者珍"，调味要讲究适口。

（3）可溶性。味觉的可溶性是指多种不同的味型可以相互融合而形成一种新的味觉感受。味觉的可溶性表现在味的对比、相乘、抵消、转化、变味等多个方面。正因为味觉具有可溶性，我们才能调制出多种多样、各具特色的味型，这是调制各种复合味型的基础。调制味型时必须将各种味型有机地融合在一起，形成各种味型和谐统一的复合美味。

（4）变异性。味觉的变异性是指在某种因素影响下味觉感度发生变化的现象。这种变异性受生理条件、湿度、浓度、季节等因素影响。

①生理条件。生理条件主要包括年龄、性别及某些特殊生理状况等。年龄越小，味感越灵敏。随着年龄的增长，味感会逐渐衰退。性别不同，对味道的分辨力也有差异，女性对味道的辨别能力，除咸味之外，都强于男性。人生病时味感会减退。人处在饥饿状态时对味道敏感，饱食后，则迟钝。

②温度。一般来说，最能刺激味觉的温度为 $10 \sim 40 \, ^\circ\mathrm{C}$，$30 \, ^\circ\mathrm{C}$ 左右时味觉最灵敏。随着温度的升高或降低，味觉会迟钝。例如，在调制糖醋味时，热菜糖醋味加入的醋明显比凉菜少，但是所表现的糖醋味感基本一致。

③浓度。呈味物质的浓度直接影响味觉感度。浓度越大，味感越强。只有浓度最合适时，才能获得满意的效果。不同种类的菜肴，对呈味物质最适浓度的要求略有不同。例如食盐，在汤菜中浓度一般为 $0.8\% \sim 1.2\%$，烧焖菜肴为 $1.5\% \sim 2\%$，炒爆菜肴为 $2\%$ 左右，佐酒菜浓度稍小，下饭菜浓度较大。

④季节。一般来说，盛夏多喜清淡，严冬偏爱浓重口味。

此外，味觉感受还因当时心情、环境等不同而有所变异。

（5）关联性。味觉的关联性是指味觉与其他感觉相互作用的特性。与味觉关联的其他感觉主要有嗅觉、触觉等。

①味觉与嗅觉的关联。味觉与嗅觉的关系最为密切。通常我们感觉到的各种滋味，都是味觉和嗅觉协同作用的结果。鼻塞时便会降低对菜肴的味觉感受。

②味觉与触觉的关联。触觉是对外界物质接触后产生的感觉，有软、硬、粗、细、老、嫩等感觉，与味觉发生也能产生关系，如鲜嫩则觉味淡等。

③味觉与视觉的关联。菜肴的视觉是人对菜肴色泽和造型的感觉，是一种心理作用下产生的联觉。菜肴色泽鲜艳、造型美观，对人的食欲刺激很大，自然对味觉也有刺激作用。

④味觉与听觉的关联。菜肴的听觉是制作菜肴时发出的声音给人的刺激感觉。与视觉的关联一样，也是一种心理作用下产生的联觉。现代不少菜肴都有很好的听觉效应，如铁板菜、桑拿菜、石烹菜等，听觉效应对渲染就餐气氛起到了十分重要的作用。

综上所述，味觉的基本性质是控制调味标准的依据，是形成调味规律的基础。

### 三、味觉的现象

菜肴的滋味是很多呈味成分所产生的复杂味觉。同时，味觉会与人体其他感觉器官相互作用，还与人的心理作用有着微妙的关系。两种或两种以上的呈味物质混合在一起所产生的味道，与它们独自产生的味道会有很大的差别，这是味觉的心理现象，是我们在调味时必须考虑的问题，也是调味在具体应用中的一个难题。味觉现象包括以下五种。

#### 1. 对比现象

将两种或两种以上不同味觉的呈味物质以适当浓度调和在一起，导致其中一种物质的味道更加突出，这种现象称为对比现象。有人做过实验，在 15% 的蔗糖溶液中调入 0.017% 的食盐，结果这种混合溶液所呈现出来的甜味比不加食盐显得更甜。这就是咸味的呈味物质食盐以适当浓度调入甜味的呈味物质蔗糖溶液中，可使甜味更加突出。这是调味中经常遇见的现象，俗话说"要保甜，加点盐"，在制作水果羹等甜汤菜品时，往往会加入适量的食盐，使得菜品的甜味更醇厚；"盐咸，醋才酸"，呈酸的味道都必须加入适量的食盐，酸味才醇正。

#### 2. 相乘现象

将同一味觉的两种或两种以上的不同呈味物质调和在一起，使这种味觉增强，呈味效果大大超越单独使用其中任何一种呈味物质，这种现象称为相乘现象。有人做过实验，将同为鲜味调味品的味精与肌苷酸按照 99:1 的比例混合，表现出来的鲜味呈味效果是只使用味精的 2.9 倍。这也是很多饭店在制作菜肴时，调味既要使用味精，又要使用鸡精的原因，这是利用了味的相乘现象。

#### 3. 抵消现象

将两种或两种以上的不同味觉的呈味物质按一定比例调和后，使其一种味觉有所减弱，这种现象称为抵消现象。在制作甜羹菜肴时，经常会添加少量的柠檬酸，可以使甜味不显得甜腻；有时在调味时感觉咸味偏浓，加入适量的甜味物质，可以降低咸度；有些带苦味的原料，在调味时会适当添加白糖以减弱苦味，这些都是抵消现象在实际中的运用。

#### 4. 转化现象

将两种或两种以上的呈味物质以适当比例调和，产生另外一种味道，这种现象称为转化现象。这是味觉具有可溶性引起的。这是菜肴能形成各种复合滋味的基础。我们在调制菜肴的滋味时，就是运用了这种现象，形成了"一菜一格、百菜百味"的调味特色。

5. 变味现象

由于某一种味觉的呈味物质的影响，使得另外一种味觉呈味物质发生变化，这种现象称为变味现象。例如，在刚吃完螃蟹后再吃清蒸鱼，会感觉鱼的鲜味不够；在吃了较浓的咸味后再饮用白开水，会有一种带甜味的感觉。这种现象虽然在实际中运用不多，但是在特殊时候可能会用到。例如，制作素蟹粉等素菜时，会运用姜、醋、高粱酒等，使素菜原料具有螃蟹的味道，能达到以假乱真的效果。

## 四、调味的时机

调味根据时机不同可以分为加热前调味、加热中调味、加热后调味。

1. 加热前调味

加热前的调味又称基本调味，其目的是使原料在加热前就具有基本的滋味，同时改善原料的气味、色泽、硬度及持水性，多适用于在加热中不宜调味或不能很好入味的烹调方法，如蒸、炸、烤等，需要对原料进行基本调味。

2. 加热中调味

加热中的调味又称定型调味。调味在加热容器内进行，目的是使菜肴所用的各种主料、配料及调味品的味道融合在一起，从而确定菜肴的滋味。因此，此阶段是菜肴的决定性调味阶段，它主要适用于水烹法加热过程中的调味。

3. 加热后调味

加热后的调味又称辅助调味，是菜肴起锅后上桌前或上桌后的调味，是调味的最后阶段，其目的是补充前两个阶段调味的不足，使菜肴滋味更加完美。

## 四、调味的方法

调味方法是指在烹调过程中使原料入味的具体方法，大致可以分为腌渍、分散、热渗、裹浇、粘撒、跟碟等几种方法。

1. 腌渍调味法

腌渍调味法是将调味品与主辅料拌合均匀，或将主料浸泡在溶有调味品的溶液中，经过一定时间使其入味的调味方法。腌渍调味有两种形式，一种是干腌渍，另一种是湿腌渍。

2. 分散调味法

分散调味法是将调味品溶解并分散于汤汁中的调味方法，多用于水烹菜肴的调味。

3. 热渗调味法

热渗调味法是在加热过程中使调味品中的呈味物质渗入原料内部的调味方法。

4. 裹浇调味法

裹浇调味法是将液体状态的调味品裹浇于原料表面，使其入味的调味方法。

5. 粘撒调味法

粘撒调味法是将固体状态的调味品黏附于原料的表面，使其入味的调味方法。

6. 跟碟调味法

跟碟调味法是将调味品盛在小碟或小碗中，随菜一起上桌，由用餐者蘸食的调味方法。

## 五、调味的运用

1. 除异解腻

异味是指某些原料本身具有不受人喜欢的、影响食欲的特殊味道，如有些蔬菜瓜果带有的苦涩味，牛羊肉的膻味，鱼、虾、蟹等水产品的腥味和禽畜内脏的腥膻味等。虽然在调味前通过加工已经除去了一部分异味，但往往还残留一部分异味，因而需要在调味过程中运用一些调味品，如酒、醋、葱、姜、香料等有效地转化和矫正。

有些原料过于肥腻，也可以通过适当的调味减轻肥腻程度，使菜肴更加美味可口。

2. 提鲜增味

很多原料，如海参、鱼翅、燕窝、凉粉、粉条等，本身滋味淡薄无味，需要采用特殊调味方法以增加菜肴的鲜美滋味，从而增进人们的食欲。

3. 突出特色

味是菜肴的灵魂。我国地域辽阔，不同地域的人们口味差别较大，在长期生活中形成了自己独特的味觉习惯，因此在调味时具有自己的偏好，通过调味能反映地方风味特色，例如四川人喜食麻辣味，在调味时多采用麻辣调料；苏州、无锡一带的人喜食甜味，在调味时多采用甜味调料；山西人调味喜欢放醋；湖南人调味喜欢使用辣椒。

4. 美化色彩

调味时通过调味品的作用，赋予菜肴特有的色泽，达到美化效果。例如，利用番茄酱调味，能使菜肴呈现鲜红的颜色；利用豆瓣酱调味，能使菜肴色泽红亮，诱人食欲。

## 六、单一味和复合味

概括说来，菜肴的味型可分为单一味和复合味两大类。单一味又称为基本味。烹调中常见的单一味有咸、甜、麻、辣、酸、鲜、香七种。人的舌头对这些单一味的感觉敏感度是分区域的，舌尖对甜味最敏感，舌根对苦味最敏感，舌两侧前缘对咸味最敏感，舌两侧后部对酸味最敏感，舌根中部对鲜味最敏感。而香味、辣味和麻味，它们不是由味蕾感知到的，而是由嗅觉或因表面皮肤受刺激而感知到的。人们一般不接受苦味，因而调味时一般不会专门调制苦味。因此，在调味中所说的单一味只包括7种，即咸、甜、麻、辣、酸、鲜、香。

1. 单一味及常用的调味品

（1）咸味及咸味调味品。咸味是调味中的主味，是能独立成味的基本味，除纯甜味菜肴外其他菜肴的味感都以咸味为基础，各种复合味都是在咸味基础上才能很好地表现出来。咸味在调味过程中具有能解腻、提鲜、除腥、去膻，能突出原料中的鲜香味道等作用。调制时应做到"咸而不减"，使咸味恰到好处。常用的咸味调味品主要是食盐和酱油。

①食盐。食盐的主要成分是氯化钠，是人们日常生活中不可缺少的必需品，对维持人体正常生理机能、调节血液渗透压有重要的作用。除纯甜菜点外，调味时一般都是在咸味的基础上，按各种菜肴的要求分别加甜、酸、麻、辣来丰富菜肴的味道，在烹调中用途之广是其他调味品不能相比的。

②酱油。酱油也称豉油，是用粮食发酵酿制而成的成分复杂的调味品，除含有盐分以外还含有蛋白质、葡萄糖和麸酸钠等多种天然鲜味物质，因此酱油含有特殊的鲜香风味。另外，酱油本身带有一定的颜色，在使用时既能增加菜肴风味，又能给菜肴上色。

（2）甜味及甜味调味品。甜味也是能独立调味的基本味，有调和诸味的作用，还能去腥、压膻、解腻、缓和辣味的刺激、抑制某些原料的苦涩味、增加咸味的鲜醇、增加菜肴的鲜味。甜味调味品运用相当广泛，如有些炒菜、烧菜和肉馅中放点糖，能增加菜肴的风味。菜肴调味中，甜味调味品的用量要恰当，应做到"甘而不腻"，根据成菜要求考虑甜味的浓淡，有时需要甜而不腻，有时需要放糖不显甜。

甜味调味品可以分为天然甜味（蔗糖、葡萄糖、果糖、麦芽糖、甜叶菊苷等）和人工合成甜味品（糖精、糖精钠等）。在烹调中常用的有白糖、红糖、冰糖，以及蜂糖、饴糖、果酱、蜜饯等。

①白糖。常用的白糖包括白砂糖和绵白糖（俗称白糖）两种。两种白糖在调味时没有太大的区别。在制作带甜味的菜肴时经常会用到白糖。

②红糖。常用的红糖有红砂糖和水熬红糖（俗称红糖、黄糖）两种。红砂糖多用于制作豆沙馅、枣泥馅等甜馅，而水熬红糖则多用于制作各种甜味小吃和面点。

③冰糖。冰糖也有两种。一种是白砂糖提纯再制品，其质地晶莹透明，形态趋于一致，糖味纯净。另一种是用甘蔗提炼而成的，其形状是不规则块形，色发暗，味甜香。冰糖多用于宴席中的甜菜，如冰糖银耳、冰糖莲子等。冰糖还可以用来熬制糖色，即将冰糖

放入盛有少量菜油的锅中，煎炒成深红色后掺汤烧开即可，主要用于增加菜肴原料的褐红色泽，如红烧肉、卤肉、冰糖肘子等菜肴的上色。

④蜂糖。蜂糖也称蜂蜜，富含单糖类的果糖、葡萄糖与多种维生素。蜂糖的种类因季节性的蜂源而异。蜂糖多用于蜜汁类菜肴和点心、汤羹。

⑤饴糖。饴糖也叫青糖、糖稀，主要含麦芽糖和糊精，麦芽糖在人体内可转化为葡萄糖。饴糖具有吸湿、起脆、起色的作用，多用于制作点心以及烤制菜品时涂刷原料表面使之上色并具有酥脆效果。

（3）麻味及调味品。严格来说，麻味不是一种味觉，而是某些物质刺激舌面以及口腔黏膜所产生的麻痹感觉，在烹调中应用不是十分广泛，但是麻味具有抑制原料的异味、解腥去腻、提鲜增香等独特作用，在特殊地区、特殊菜肴中进行调味，具有独特风味。麻味是由花椒、藤椒、花椒粉、花椒油体现出来的，具有特殊的香麻味，与辣椒配合形成麻辣味，更富有鲜香味感。

①花椒。花椒在全国各地都有出产。四川花椒质地最佳。汉源产的花椒颗粒大、色红油润、味麻籽少、清香浓郁，成为花椒中的上品。将川椒作为贡品已有两千多年的历史了。烹调中还常将花椒用作香料。花椒可以整粒使用，也可以经烘焙后磨成花椒粉，或加油萃取成花椒油，这样加工后，使用起来更加方便，同时因为没有花椒碎末，食用时也方便。

②藤椒。藤椒又名竹叶花椒，属于花椒分支下的优质品种。其麻味与花椒相比，更加偏重于"清香麻味"，麻味后劲更足，而花椒的香味则更为醇厚和浓郁，二者的使用方法和使用要领基本相同。

（4）辣味及调味品。辣味分为辛辣和香辣两大类，是菜肴调味中刺激性最强的味道，可以刺激食欲、促进消化，还具有增香解腻、压低异味等作用，但辣味用量过大会压低香味。辣味尤其与清香味互不相融。在使用时，应遵循"辣而不燥、辛而不烈"的原则，用量因人、因时而异，应恰当掌握。

调味品中的辣椒含有辣椒碱，姜含有姜辛素，胡椒含有胡椒脂碱，葱、蒜中分别含有葱辣素和蒜辣素，芥末含有芥末油，都属于辛辣的范畴，由此构成了食物的辛辣味。将辣椒加热再制作成辣椒粉、辣椒油，煳辣椒则属于香辣。

①新鲜辣椒。新鲜辣椒，尤其是微辣香甜的各种甜椒，不仅可以单炒，更常用于各种荤素菜肴的配料，可提味增香，增进食欲，是极受欢迎的时鲜蔬菜。

②干辣椒。干辣椒是用新鲜的红辣椒晾晒而成的，以身干籽少、颜色油红光亮者为佳。干辣椒气味辛辣如火，温中散寒，开胃消食。干辣椒虽富含维生素等营养，但吃干辣椒过多，会引起胃肠炎、腹痛等不适。干辣椒一般切节使用，或直接下沸汤中熬汤提味，或在主料下锅前用热油煸炒，使菜肴具有糊辣辛香味。

③辣椒粉。辣椒粉是将干辣椒放在锅中略加热，炒出香味，再打成细粉。辣椒粉既可

加入热菜调味或增色，也可以直接拌制凉菜和小吃，不同品种的辣椒粉的辣味有所不同，如朝天椒偏重辛辣，二荆条则较温和辛香。

④辣椒油。辣椒油又叫红油、红油辣子，是用熟油按照一定比例烫制辣椒粉，使辣椒的香辣味及呈色物质充分溢出，使油脂色红香辛。辣椒油广泛用于凉拌菜、热菜和各式小吃的调味中。

⑤姜。姜含有姜辛素，具有芳香辛辣气味，有提鲜去腥、开胃消食等作用，烹调中分为仔姜、生姜两种。仔姜的季节性强，为时令鲜蔬，可作辅料，或腌渍成泡姜，如仔姜肉丝、拌仔姜、泡仔姜。生姜常加工成丝、片、末、汁，用于调味，可去异（味）提鲜，广泛用于菜肴制作中。

（5）酸味及调味品。酸味是多种味型的基本味，尤其在烹调鱼、虾、蟹类菜肴时使用。食材原料本身含有的天然酸味剂主要有柠檬酸、苹果酸、酒石酸，以及由食品发酵产生的乳酸、醋酸等。人工合成的酸味剂有葡萄糖酸等。酸味能给味觉以爽快的刺激，具有增鲜、除腥、解腻的作用，同时还可促进食物中的钙质和氨基酸类物质的分解，使骨酥肉烂。酸能在加热过程中使原料的蛋白质凝固，使做出来的菜肴脆嫩可口，减少维生素的破坏，提高食物滋味，增进食欲，以促进消化和吸收。使用酸味时应做到"酸而不苦"。

①醋。食醋的主要成分是醋酸（即乙酸）。质量好的食醋，酸而微甜，并带有香味。由于醋有较强的挥发性，因而当烹调中用醋来祛除腥异、溶解骨质，使肉类软熟、蔬菜脆嫩和保护维生素C，一般应在烹调前和烹调中与原料一起下锅；如果是加醋确定菜肴的酸味，或增鲜和味、醒酒解腻则应在起锅前加入。

②柠檬汁、番茄汁。柠檬、番茄中含有适口的果酸，加工制成柠檬汁、番茄汁使用方便。

（6）鲜味及调味品。鲜味能增加菜肴风味、提高食欲。鲜味主要来自原料自身蛋白质分解成的氨基酸（核苷酸、琥珀酸、肌苷酸等）以及其他物质。鲜味在味觉的感受中较弱，易被辣味、甜味、酸味等压抑。鲜味只有在咸味的基础上才能显现出来，在复合味中有融合诸味的作用。鲜味主要是由各种氨基酸与钠离子结合，形成相应的钠盐而产生的。呈鲜味的调料主要有各种鲜汤、酱油、鱼露、鸡精、牛肉粉和海鲜精等。

（7）香味及调味品。香味有压异味、增食欲的作用，同时各种香味调料本身大多含有去腥解腻的化学成分。

香味调味品的种类很多，常用的有料酒、醪糟、芝麻、芝麻酱、豆腐乳以及各种天然香料与人工合成香料。这些原料据化学分析含有醇类、醛类、酮类、酯类、酸类等可挥发出来的芳香物质。

①料酒。料酒又叫黄酒、绍酒，用粮食酿成，酒精含量低，含丰富的脂类和多种氨基酸。料酒有较强的渗透性，在烹调前加入料酒，能使各种调料迅速渗入原料内部，使原料有一定的基础味，同时去除腥、臊、膻等异味。料酒中的氨基酸，在烹调中能与食盐结合成味鲜的氨基酸钠盐，使菜肴滋味更加鲜美。料酒中的各种脂类在加热过程中与其他调料

结合会挥发出浓烈而醇和的诱人香味，使菜肴大为增香。川菜中许多煸、炒、煎的肉类菜肴都在烹调中兑滋汁时加入料酒。与料酒作用相似的调味品还有红葡萄酒和啤酒。

②醪糟。醪糟是糯米加酒曲经发酵酿制而成的，酒精度很低，含有丰富的香味脂、醇和糖类，其味香甜。醪糟的作用与料酒相似，烹调后使菜肴鲜香回甜。

③芝麻。芝麻含有60%的油脂，香味浓郁，是榨制香油和制作芝麻酱的主要原料。芝麻以粒大饱满者为佳，有白芝麻和黑芝麻之分。用芝麻磨制的芝麻酱能调制出风味独特的味型。用芝麻榨制的香油普遍使用在各种冷热菜肴中，起增香的作用。

④豆腐乳。豆腐乳是用豆腐切成小块，经人工接入毛霉菌的菌种发酵、搓毛和腌制之后，加入用料酒、红曲、面膏、香料、砂糖磨制的汤料，再经发酵制成的。豆腐乳外观颜色有红色、白色和青色三种，按风味可分为南味、北味、川味三类。豆腐乳色泽鲜艳，质软而细腻，味浓而鲜，有特殊的乳香味，酒香气也很浓。

（8）苦味及调味品。苦味是一种特殊的烹调用味。苦味一般不单独使用，有对比提味的增味作用，也有缓冲消除异味的作用，能够减掉腥、膻、臊、臭等异味。因此，在烹制某些菜肴时，略加一些带有苦味的调味料，可使菜品具有一种特殊的鲜香滋味。呈苦味的调料有陈皮、杏仁、茶叶、柚皮、白豆蔻等。

2. 复合味

复合味是由两种或两种以上的单一味所构成的味觉。复合味又可分为双味复合味和多味复合味。双味复合味是由两种不同的单一味构成的味道，如咸鲜味、甜酸味、酸辣味、甜咸味等。多味复合味是由两种以上的单一味构成的味道，如鱼香味、家常味、荔枝味、怪味等。

## 七、调制味汁

在调制味汁时，需要考虑每一种味的味汁特点和怎样使用调味品，务必使各种味型的特点鲜明而突出。在调制技巧上，要按正确有效的调制方法才能准确调制味汁，要防止滥用调味品而产生调味品配合上的相互抵消、互相压抑和味觉上的风味不明、特点不分。

1. 咸鲜味汁

（1）味汁特点：咸鲜醇厚，清淡可口。

（2）调味品种类：食盐、味精、香油、鲜汤。

（3）调制方法：先将食盐、味精放入调味碗中，加入鲜汤调匀，最后放入香油。

食盐确定基础咸味；味精增加鲜味；香油增香压异，增加脂润性；鲜汤辅助增加鲜味，溶解食盐和味精，调节味汁的浓稠度。

（4）调制注意事项。

咸度要适宜，应做到"咸而不减"。味精和香油不可多加，主要是突出原料本身的鲜味。

（5）味汁变化。

此味汁多用于本鲜味浓郁的原料，如鸡、虾等。有些菜品调制味汁时可酌情添加酱油上色，使成菜呈棕红色。有些菜品为了增加原料的鲜香度，在加工过程中，会酌情添加姜、葱、料酒、整花椒、胡椒粉等提鲜除异的调味品。

鲜汤可换成加工原料时煮制或蒸制原料的原汤。

（6）典型菜例。

调制咸鲜味汁的菜品有白油金针菇、白油鸡片、盐水鸭条、开水白菜、白油肉片等。

2. 咸甜味汁

（1）味汁特点：咸度恰当、入口带甜，鲜香醇厚，多以咸味为主、甜味为辅。

（2）调味品种类：食盐、白糖、味精、鲜汤。

（3）调制方法：将食盐、白糖、味精、鲜汤充分溶解后即成咸甜味汁。

调制时，食盐确定咸味，使味汁有"底味"，用量以咸度恰当为准；白糖和味提鲜，用量以成菜进口带甜为准；味精提鲜，用量以食用时有鲜味感觉为度；鲜汤使调味品充分溶解，用量主要根据味汁下锅后加热时间长短来决定。

（4）调制注意事项。

①咸甜味菜肴的主料一般都经过焯水后再烹调。

②主要掌握咸味料与甜味料的用量，应先定好"底味"，在咸味基础上调以甜味，白糖的使用量以甜味在进口时能感觉到为好。

（5）味汁变化。

白糖可用冰糖、蜂蜜代替，有时也可添加蜜玫瑰、蜜桂花等增加风味。味汁可根据具体菜肴的要求添加，如老抽、糖色、红曲米等有色调味品。在调制原料时也可酌情添加姜、葱、料酒、香料、整花椒、胡椒等调味品增加风味。在烹制菜肴时，可加入甜面酱、香糟等特色调味品，菜品可以变为酱香、香糟等风味。

3. 咸香味汁

（1）味汁特点：以香味为主，辅以咸鲜，浓香醇厚。

（2）调味品种类：食盐、味精、白糖、香油、特殊鲜汤。

（3）调制方法：烹饪原料经加工处理后再进行蒸或煮制，取蒸或煮原料后的原汤汁。

食盐定咸味，味精提鲜，用量不能太多，不能掩盖原料的鲜味；白糖起和味提鲜的作用，用量较少，一般不宜吃出甜味来；香油增香，用量恰当，不能掩盖原料自身的鲜香味；鲜汤保持原料特有的鲜香滋味，用量多以淹没原料三分之一为好。

（4）调制注意事项。

香味要适中，不宜过浓。汤汁要鲜美，保证原汁原味，同时要使汤汁色正。原料煮制或蒸制前都需要加工处理。

（5）味汁变化。

根据菜肴要求，味汁可以添加有色调味品上色，使成菜色泽棕红。

不同菜肴其香味要求有所不同，可根据菜肴的要求添加香料，形成有浓郁香料风味的咸香味；也可添加葱油，形成带葱香味的咸香味；还可以添加孜然粉，形成带孜然味的咸香味。不过添加香料、孜然等调制咸香味汁时，一般还需要将味汁进行加热处理。

### 八、调味品的盛装、保管与合理放置

调味品有多种多样，要妥善存放，以免因损失或变质而造成浪费或直接影响调菜肴的质量。

1. 调味品的盛装

各种调味品的理化性质各不相同，有的怕光，有的易受潮，有的易挥发，有的易与其他物质起化学变化，有的受热易变质，因此，调味品在保管盛装时因其性质不同而有所差异。对金属有腐蚀性的调味品，如盐、酱油、果酸等，不宜长期用金属容器盛装。阳光直晒会加快食用油氧化，因此，食用油不宜用透明的器皿盛装。料酒和香料等易挥发的调味品，应密闭保存。各种蜜饯果脯、花椒、干辣椒和食盐、味精、白糖等，易受潮而影响质量，保管盛装时应做防潮处理。

2. 调味品的保管

（1）存放的环境条件。调味品存放的环境应通风透气，不宜太潮湿，温度一般不宜过高。要注意避免调味品长时间接触日光和空气，以防止氧化变质。

（2）保管的注意事项。在保管与取用调味品时，应掌握"先进先出、先加工先使用"的原则；要掌握好采购和加工调味品的数量，量力而行，尽量做到随用随进、随用随加工；同时，要注意将不同性质的调味品分别放置，以防止混淆。

（3）调味品的合理放置。为了烹调时取用方便，加快操作速度，调味品的摆放要合理。根据使用频率和便于操作的原则，各种调味品需放在取用方便的专用位置。一般来说放置的原则是：常用的放近一些、不常用的放远一些；有色的放近一些，无色的放远一些；先用的要放近一些，后用的放远一些；固体的放近一些、液体的放远一些；湿料放近一些、干料放远一些；颜色形态相近似的应隔开放置或以不同容器加以区别，以免使用时混淆。

调味品的具体放置方法并没有统一要求，应根据自己的喜好而定，只要能方便快捷取用即可。要定期清理或添加调味品，对各种调味品的质量、用量和保存期限做到心中有数，及时清理变色、变质的调味品。

### 知识链接二　以油为传热介质的烹调方法

以食用油为主要传热介质，使原料受热成熟，称为以油为传热介质的烹调方法。以油为传热介质的烹调方法主要有炸、炒、熘、爆等。中式烹调师在初级阶段要掌握炸、炒等烹调方法。

#### 一、炸

炸是将经过加工整理基本入味的烹饪原料放入大油量的热油锅中加热，使成品达到里外酥脆或外酥里嫩等质感的烹调方法。炸制工艺具体又可以分为干炸、软炸、清炸、香炸、酥炸、脆炸、松炸、卷包炸等。中式烹调师在初级阶段要重点掌握干炸、软炸、清炸等烹调方法。

1. 干炸

（1）概念：干炸是将经刀工处理后的原料用调味品腌制后，经拍粉或挂糊入油锅炸制成熟的一种烹调方法。

（2）工艺流程：选料→切配→腌渍入味→拍粉（或挂糊）→炸制→装盘成菜。

（3）技术关键。

①拍粉或挂糊要均匀一致，不宜太厚或太薄。

②拍粉要拍匀，并且要现拍现炸。

③挂糊的原料下油锅后，待其表面凝结后，再用手勺将其分散开。

④原料逐块下锅，以防粘连。

2. 软炸

（1）概念：软炸是将刀工处理后的质嫩、形体小的原料码味后挂软糊（蛋清糊）。

（2）工艺流程：选料→切配→腌渍入味→挂糊→炸制→装盘成菜。

（3）技术关键。

①宜选用无骨、无皮、无异味、质地鲜嫩的原料。

②刀工成形多以块、条、片等形状为主。

③腌渍入味时宜选用食盐、料酒、胡椒粉等，不宜使用有色调味品，以保证不影响成品色泽。

④腌渍入味后尽量沥干水分。

⑤炸制时油温不宜太高，一般为六成热（180 ℃）以下。

⑥宜选用光泽好、回软快的花生油。

⑦原料下锅时，一个一个下锅，以防粘连。

⑧适当进行辅助调味。

3．清炸

（1）概念：清炸是将经过刀工处理后的原料，不挂糊、不上浆，只用调味品腌渍入味，直接用旺火热油加热成菜的烹调方法。

（2）工艺流程：选料→切配→腌渍入味→炸制→装盘成菜。

（3）技术关键。

①原料成形要求大小、厚薄均匀一致，以使原料成熟度一致。

②码味时不宜过多使用有色调味品。

③根据原料形状大小采用合适的操作手法（重复油炸或间隔炸）。

④原料成熟后及时上桌以保证其质感。

⑤适当进行辅助调味。

4．香炸

（1）概念：香炸是将刀工处理后的原料经腌渍入味、拍粉、拖蛋液，再粘上碎屑料，用旺火热油炸制成熟的一种烹调方法。其中滚粘面包糠的炸制方法称为"板炸"。

（2）工艺流程：选料→切配→腌渍入味→拍粉→拖上蛋液→粘挂碎屑料→炸制成菜→改刀（或不改刀）装盘。

（3）技术关键。

①原料宜选择扁平状、易熟的原料，如板虾、扁形鱼类、肉排等。

②刀工处理扁状原料时应用刀尖斩一斩，以便于入味成熟，同时防止原料受热后卷曲变形，影响美观。

③泥、茸性原料宜制成饼状、球丸，球丸宜小不宜大，可串成串状。

④拖挂碎屑料时可用手轻轻按压使之粘牢。

⑤炸制时油温不宜过高，否则当表面的碎屑料颜色过深时，内部的主料却还不够成熟。

5．酥炸

（1）概念：酥炸是将加工好的原料挂酥糊炸制，或者将原料蒸（煮）至酥软后直接炸制成菜的烹调方法。

（2）工艺流程：选料→切配→腌渍入味→初步熟处理（蒸、煮）→直接炸制（挂糊或拍粉炸制）→装盘成菜。

（3）技术关键。

①挂糊炸制的原料加工处理多为条、片、块等形态，糊的厚薄要适当。

②宜将质老体大的原料蒸酥烂，将质嫩体小的原料煮酥。

③炸制时要勤翻动原料，以保证成品色泽均匀。对于形体大的原料，要用漏勺托住，以防粘锅底并炸糊。

④炸制时油温不宜太高，因为多数原料已熟烂入味。

⑤对于整形的原料，酥炸后也可将其斩成条、块，再摆成原形，上桌要及时。

6. 脆炸

（1）概念：广义的脆炸包括两种：脆糊炸和脆皮炸。脆糊炸是指将加工处理后的原料腌制后挂脆皮糊炸制成菜的烹调方法。脆皮炸是指将加工处理后的原料焯水后，趁热涂抹上饴糖（或蜂蜜），晾干后炸制成菜的烹调方法。

（2）工艺流程。

①脆糊炸：选料→切配→腌渍入味→挂脆皮糊→炸制成菜。

②脆皮炸：选料→切配→腌渍入味→烫皮、上糖衣→晾制→炸制成菜。

（3）技术关键。

①脆糊炸要点。

（a）原料选择以无骨的动物性形体较小的原料为宜，如小鱼、虾、贝等海鲜。

（b）脆皮糊的浓度要适宜，制糊时切忌搅拌上劲。

（c）炸制时分两步，第一步炸制定型，第二部炸制上色，动作要轻，避免碰破外皮，造成灌油现象。

②脆皮炸要点。

（a）上糖衣时要趁热涂抹均匀，以免炸制时上色不均。

（b）上糖衣后一定要晾干，然后再炸制，以保证原料成品外皮酥脆。

（c）炸制时切忌弄破外皮，以免影响外观。

7. 松炸

（1）概念：松炸是将质嫩形小的原料挂蛋泡糊后，入低油温中浸炸成菜的烹调方法。

（2）工艺流程：选料→切配→腌渍入味→挂蛋泡糊→逐个下锅炸制上色→装盘成菜。

（3）技术关键。

①水果宜切段、块、夹刀片（夹豆沙、果酱），其他原料宜制成茸，如肉、虾仁、贝丁等，调味宜清淡。

②挂蛋泡糊要均匀、圆滑。

③将原料逐个挂糊，逐个下锅，不停翻动，使之受热均匀。

④宜使用浅色的纯净食用油进行炸制。

⑤油温控制在120℃左右。

8. 卷包炸

（1）概念：卷包炸是将加工成丝、条、片或粒、泥状的原料，腌渍入味后用皮包起或卷起后入油锅炸制的烹调方法。

（2）工艺流程：选料→切配→调制馅料→备好包卷皮→卷包成形→炸制成菜→改刀

装盘。

（3）技术关键。

①宜选用异味少、质地细嫩且滋味鲜美的原料。

②包卷皮有两种选择，一种是可食性的，如蛋皮、腐竹、面皮、糯米纸等；一种是不可食性的，如锡纸、玻璃纸等。

③条、片、丝状原料以卷为主，泥、粒状原料以包为主。

④卷、包收口处要用蛋液或湿淀粉粘牢以免炸制时浸油。

⑤炸制后改刀上桌。

## 二、炒

炒是以油为传热介质，将加工过的鲜嫩的形体较小原料，用旺火短时间加热、调味成菜的一种烹调方法。炒制工艺分类主要有生炒、熟炒、滑炒、软炒、干炒等。中式烹调师在初级阶段要求掌握生炒、熟炒烹调方法。

1. 生炒

（1）概念：生炒是将生料加工成形，直接用旺火热油快速翻拌、调味成熟的烹调方法。

（2）工艺流程：选料→切配→热油炼锅→底油烧热→煸炒原料→调味→炒至断生→装盘成菜。

（3）技术关键。

①生炒原料事先不经过调味拌渍，不挂糊（上浆、拍粉），起锅时不勾芡。

②原料刀工处理要整齐划一。

③炒制以前要炼锅，使之滑润。

④若菜品由两种或两种以上的原料组成，要掌握好投料的顺序。

⑤翻勺要熟练，将原料炒匀，炒至断生即可。

2. 熟炒

（1）概念：原料经初步熟处理（焯水、水煮、酱、卤、蒸等）切配成形后不上浆，不腌渍入味，用中火热油，加调配料，炒制成菜的方法。

（2）工艺流程：选料→初步熟处理→切配→炼锅→底油烧热下料→炒制调味→装盘成菜。

（3）技术关键。

①刀工成形时，片不宜太薄，丝不宜太细，条不宜太粗。

②熟炒多用中火，油温为五至六成热（150～180 ℃）。

③调料多用酱类，如甜面酱、豆瓣酱、豆豉等，炒制时一定要炒出香味。

④成菜一般不勾芡，使菜肴略带浓汁。

## 步骤五 摆盘

将炒制好的菜肴盛盘，加上装饰小花摆盘，如图 2 - 2 - 7 所示。

图 2 - 2 - 7 宫保鸡丁的摆盘

### 考核评价

宫保鸡丁的制作与烹调过程考核评价表

| 学习项目 2 - 2 宫保鸡丁的制作与烹调 | | | | | | |
|---|---|---|---|---|---|---|
| 学员姓名 | | 学号 | | 班级 | | 日期 |
| 项目 | 考核项目 | 考核要求 | 配分 | 评分标准 | | 得分 |
| 知识目标 | 家禽类原料初加工技术要求 | 掌握家禽类原料初加工技术要求 | 5 | 对家禽类原料初加工技术要求知识的考核，错一项扣1分 | | |
| | 家禽类原料分割取料的要求 | 掌握家禽类原料分割取料的要求 | 5 | 对家禽类原料分割取料的要求知识的考核，错一项扣1分 | | |
| | 家禽类原料的各部位名称、品质特点、肌肉和骨骼分布知识 | 掌握家禽类原料的各部位名称、品质特点、肌肉和骨骼分布知识 | 5 | 对家禽类原料的各部位名称、品质特点、肌肉和骨骼分布知识的考核，错一项扣1分 | | |
| | 腌制的方法与技术要求 | 掌握腌制的方法与技术要求 | 5 | 对腌制的方法与技术要求知识的考核，错一项扣1分 | | |
| | 调味的目的与作用，以及调味的程序、方法和时机 | 掌握调味的目的与作用，以及调味的程序、方法和时机 | 5 | 对调味的目的与作用，以及调味的程序、方法和时机知识的考核，错一项扣1分 | | |
| | 味型的概念和种类，以及咸鲜味、咸甜味、咸香味等味型的调制方法及技术要求 | 掌握味型的概念和种类，以及咸鲜味、咸甜味、咸香味等味型的调制方法及技术要求 | 5 | 对味型的概念和种类，以及咸鲜味、咸甜味、咸香味等味型的调制方法及技术要求知识的考核，错一项扣1分 | | |

（续表）

### 学习项目 2-2　宫保鸡丁的制作与烹调

| 学员姓名 | | 学号 | | 班级 | | 日期 | |
|---|---|---|---|---|---|---|---|
| 项目 | 考核项目 | 考核要求 | 配分 | 评分标准 | | | 得分 |
| 知识目标 | 淀粉的种类、特性及使用方法以及拍粉的种类及技术要求 | 掌握淀粉的种类、特性及使用方法以及拍粉的种类及技术要求 | 5 | 对淀粉的种类、特性及使用方法以及拍粉的种类及技术要求知识的考核，错一项扣1分 | | | |
| | 以油为导热介质的烹饪方法，能运用炸、炒的方法制作常见菜肴 | 掌握以油为导热介质的烹饪方法，能运用炸、炒的方法制作常见菜肴 | 5 | 对以油为导热介质的烹饪方法，运用炸、炒的方法制作菜肴知识的考核，错一项扣2分 | | | |
| 能力目标 | 对家禽类原料进行宰杀、褪毛、开膛取内脏及清洗整理加工 | 能对家禽类原料进行宰杀、褪毛、开膛取内脏及清洗整理加工 | 10 | 对家禽类原料进行宰杀、褪毛、开膛取内脏及清洗整理加工的操作，关键点不熟练，每项扣2分 | | | |
| | 根据鸡、鸭等家禽类原料的部位特点进行分割、取料 | 能根据鸡、鸭等家禽类原料的部位特点进行分割、取料 | 10 | 对鸡、鸭等家禽类原料的部位特点进行分割、取料操作，关键点不熟练，每项扣2分 | | | |
| | 对动物性原料进行腌制处理 | 能对动物性原料进行腌制处理 | 5 | 对动物性原料进行腌制处理操作，关键点不熟练，每项扣1分 | | | |
| | 调制咸鲜味、咸甜味、咸香味等味型 | 能调制咸鲜味、咸甜味、咸香味等味型 | 5 | 调制咸鲜味、咸甜味、咸香味等味型操作，关键点不熟练，每项扣1分 | | | |
| | 通过油导热概念的学习，运用炸、炒的烹调方法制作常见菜肴 | 通过油导热概念的学习，能运用炸、炒的烹调方法制作常见菜肴 | 10 | 通过油导热概念的学习，运用炸、炒的烹调方法制作菜肴的操作，关键点不熟练，每项扣2分 | | | |
| 方法及社会能力 | 过程方法 | （1）学会自主发现、自主探索的学习方法；（2）学会在学习中反思、总结，调整自己的学习目标，在更高水平上获得发展 | 10 | 能在工作中反思，有创新见解，自主发现，自主探索，酌情给5~10分 | | | |
| | 社会能力 | 小组成员间团结、协作共同完成工作任务，养成良好的职业素养（工位卫生、工服穿戴等） | 10 | （1）工作服穿戴不全扣3分；（2）工位卫生情况差扣3分 | | | |

（续表）

| 学习项目2-2　宫保鸡丁的制作与烹调 | |
|---|---|
| 实训总结 | 你完成本次工作任务的体会（学到哪些知识，掌握哪些技能，有哪些收获）： |
| 得分 | |

### 工作小结 ｜ 宫保鸡丁的制作与烹调工作小结

（1）我们完成这项学习任务后学到了什么知识和技能？

（2）我们还有哪些地方做得不够好？我们要怎样努力改进？

# 学习项目三　清蒸鱼的制作与烹调

## 任务描述

某酒店厨房收到餐饮部散客点餐通知，需要制作烹调清蒸鲈鱼，见图2－3－1所示，数量为1份，要求30分钟内完成。

清蒸鲈鱼是广东省特色传统名菜之一，属于粤菜系，以鲈鱼为制作主料，清蒸鲈鱼的烹饪技巧以蒸为主，味型属于咸鲜味。

鲈鱼富含多种营养价值，是淡水鱼中DHA含量最高的鱼类，因此清蒸鲈鱼是补脑佳品。选用一斤左右的鲈鱼，蒸的恰到火候，鱼肉刚熟，细嫩爽滑，鱼肉的鲜美完全呈现出来，吃到嘴里每一口都是享受。今天我们需要和大家探讨的问题是，我们要制作和烹调这道清蒸鲈鱼需要掌握哪些知识和技能呢？

图2－3－1　清蒸鲈鱼

## 接受任务

热菜配份出餐表如表2－3所示。

表2－3　热菜配份出餐表　（清蒸鲈鱼）

| 菜名 | | 清蒸鲈鱼 | 出餐时间 | 30分钟 |
|---|---|---|---|---|
| 台号 | | 03号台 | 装盘要求 | 热菜盘，摆盘精美 |
| 调味品及要求 | | 食盐、料酒、葱、姜、蒸鱼豉油、食用油等 | | |
| 序号 | 主料 | 数量 | 辅料 | 数量 |
| 1 | 鲈鱼 | 500 g左右 | 葱片和葱丝 | 适量 |
| 2 | | | 姜片 | 适量 |
| 3 | | | 青红辣椒丝 | 适量 |
| | | | | |
| | | | | |
| | | | | |

**| 任务实施 |**

任务明确，可以开始工作了！

## 步骤一　岗前准备

按照要求进行个人卫生、着装、仪容仪表和操作环境准备。

## 步骤二　食材的初加工

（1）取新鲜活鲈鱼一条，约重 500 g，宰杀后去鳞和内脏，清洗干净，用刀在鱼背鳍两侧从头部至尾部划开，如图 2-3-2 所示。

图 2-3-2　鲈鱼的初加工

（2）取大葱、生姜适量，分别切制葱、姜丝，再切制青、红椒丝备用。

### 知识链接一　有鳞鱼原料的清洗整理

有鳞鱼按照生活的水质分为淡水类、咸水类；按照生活的水域分为海洋类、江河类、湖泊类和池塘类等。有鳞鱼在烹饪中应用比较广泛，但因用途不同，其加工方法也有所不同。

#### 一、有鳞鱼初加工质量要求

1. 熟悉原料组织结构，根据菜肴要求加工

有鳞鱼原料品种繁多，形状、品质各异，我们首先应熟悉原料的组织结构；此外，还要根据原料的用途和烹调要求来合理地进行初加工。有鳞鱼加工时一般都要进行刮鳞处理，但是个别有鳞鱼体表的鳞片含有的脂肪可以增加鱼的鲜美滋味，并且鳞片柔软，因而加工时不需要进行刮鳞处理。对于多数有鳞鱼，都要剖腹取内脏，对于少数有鳞鱼，为了保持体形完整，不要剖腹，从鱼口将其内脏卷出便可。应根据烹制菜肴品种的不同，选用不同的初加工方式。

2. 去除污秽杂质，勿弄破苦胆，确保清洁卫生

有鳞鱼原料表面有鳞片、沙砾等不符合食用要求的物质，加工时要将这些物质都去掉，同时要尽量除去腥味、异味，以保证菜肴的质量。鱼肉营养丰富，这为细菌和其他微生物提供了适宜的生长环境。鱼类都有苦胆，如果将苦胆弄破，会使胆汁流出，使鱼肉的味道变苦，影响菜肴质量，甚至无法食用，因而在开膛时应注意不要弄破苦胆。在加工原料时务必除尽污秽杂质，确保清洁卫生，尤其是在加工生食原料时更应严格注意，避免交叉污染，以符合卫生要求，保证成品质量。

3. 合理使用原料，避免原料浪费

有鳞鱼原料的合理使用是企业控制成本的关键，尤其是对于形体较大的有鳞鱼原料，应根据不同部位的特点来制作，合理地使用边角余料来制作特殊菜肴或辅料，从而提高原料利用率，节约成本。

4. 尽可能保持营养成分

鱼类产品的营养价值都比较高，初加工时要注意尽可能保持鱼的营养成分，减少营养元素的损失，提高鱼类产品的食用价值。

### 二、有鳞鱼的一般加工步骤

有鳞鱼的一般加工步骤为：宰杀→刮鳞（有些鱼不刮鳞）→去鳃→开膛去内脏（或不开）→洗涤。

1. 宰杀

加工有鳞鱼须先宰杀放血，其目的是使鱼肉质洁白、无血污、无腥味。宰杀前可先将鱼摔晕，或者使用刀背将鱼敲晕。放血的基本方法是将鱼按在砧板上，在鱼鳃外下刀，切断鳃根，放入盆中，让血流尽。

2. 刮鳞

有鳞鱼表皮上的鱼鳞质地较硬，能起到保护鱼体的作用。鱼鳞一般不具有食用价值，加工时应首先将其去除。刮鳞时用刀或刮鳞器，通常是从鱼尾至头逆鱼鳞生长方向刮去鳞片，要注意不要弄破鱼皮，特别应注意要将鱼头及腹部的鳞片刮干净。但有些特殊鱼类原料要保持鱼体鳞片，如鲥鱼，其鱼鳞富含脂肪，故烹调时不去除鳞，以增加鱼体的香味。

3. 去鳃

鱼鳃是鱼的重要器官。大多数鱼的鱼鳃内都夹杂着许多污物杂质，又脏又腥，无食用价值，加工时必须将其除去。一般采用剪刀或者使用菜刀的刀尖或刀根剔出，也可用手掏出，有时需要用专用工具铁钳或竹枝从鳃盖或口中夹住拧出。

4. 开膛去内脏

根据鱼的种类、大小和成菜要求，可采用以下不同的方式开膛去内脏。

（1）开腹取脏法。在鱼的胸鳍与肛门之间直切一刀，将鱼腹剖开取出内脏，刮净黑腹膜即可。这种方法简单、方便、快捷，使用广泛。

（2）开背取脏法。沿着鱼的背鳍线下刀，贴着脊骨切开鱼背，取出内脏及鱼鳃。这种方法一般适用于整条鱼清蒸，或用于一些需剔出鱼骨的鱼。

（3）夹鳃取脏法。先在鱼的肛门前 1 cm 处横切一刀，将鱼肠割断（注意不要将鱼胆划破），然后用两根筷子或长钳由鱼鳃盖插入，夹住鱼鳃用力缠扭，使鱼鳃和脏器一同搅出。此方法主要适用于形体较小且需保持完整鱼形的菜肴。

5. 洗涤

有鳞鱼的腹腔壁内黏附着一层黑色的薄膜，带有腥味，会影响菜肴的美观，它与腹壁粘连较紧，用清水冲洗无法将其去除，加工时要用刀轻轻将其刮除，然后用冷水洗净腹腔。

另外，要根据成菜的需求，用刀修整鱼的胸鳍、腹鳍、背鳍、尾鳍，以确保菜肴成品外形美观。

## 知识链接二　鱼类的分割取料

### 一、鱼类原料分割取料的各部位名称及品质特点

1. 头部

以胸鳍为界线可以将鱼头直线割下。鱼头骨多肉少，肉质滑嫩，皮层含丰富的胶原蛋白质，适于红烧、煮汤等。

2. 尾部

以臀鳍为界线可以将尾部直线割下。鱼尾俗称"划水"，皮厚筋多，肉质肥美，尾鳍含丰富的胶原蛋白质，适于红烧，也可与鱼头一起做菜。

3. 躯干部

去掉头部与尾部，剩余部分即为躯干部。躯干部又可分为脊背与鱼腹两个部分。

（1）脊背骨粗肉多，肉的质地适中，宜加工成丝、丁、条、片、块、茸等形状，适于炸、熘、炒、爆等。

（2）鱼腹俗称"肚档"，是鱼中段靠近腹部的部分，肚档肉层薄，丰富的脂肪，肉质肥美，适于烧、蒸等。

### 二、鱼类原料分割取料的方法

鱼的分档取料也称"剔鱼"。根据菜肴的要求有多种分割取料的方法。主要步骤如下。

（1）把完成初加工的整鱼放在砧板上，左手按住鱼身，鱼腹部朝内，头朝右边。

（2）右手握刀，用刀刃从鱼颈部位斜着下刀，切断鱼骨取下鱼头。

（3）再沿着臀鳍，用刀割下鱼尾。剩余部位为鱼中间段，包括鱼脊背和鱼腹两部分。

（4）用刀面紧贴鱼骨，平行片下鱼肉，取下鱼腹。

## 步骤三　加工制作

将处理好的鲈鱼两面用料酒涂抹均匀，撒入盐、葱、姜片，在盘中腌制 15 分钟，如图 2－3－3 所示。

图2－3－3　鲈鱼的腌制

## 步骤四　烹饪制作

（1）在蒸锅中加入适量水并烧开，将盛有鱼的盘子放入锅内，大火蒸 10 分钟关火，将蒸好的鱼出锅，如图 2－3－4（a）所示。

（2）给鱼淋上蒸鱼豉油，洒上葱丝和青红椒丝。

（3）另起锅，锅中倒入适量食用油烧热，浇在鱼身上即可，如图 2－3－4（b）所示。

（a）　　　　　　　　　　　（b）

图2－3－4　清蒸鲈鱼的烹调

（a）蒸制鲈鱼；（b）淋油处理

以汽为传热介质的烹调方法主要有蒸、烤、熏。初级中式烹调师要掌握蒸制技术。蒸是将加工好的原料（一般提前调味）放在器具中，再入蒸锅中，利用汽加热使其成熟的一种烹调方法。蒸制工艺主要分为清蒸和粉蒸两种。

## 一、清蒸

### 1. 概念

清蒸是将加工后的原料先腌渍入味，然后加配料和鲜汤蒸熟的蒸制方法。

### 2. 工艺流程

选料→切配→初步熟处理→装盘调味→蒸制成菜。

### 3. 技术关键

（1）蒸制法对原料的新鲜程度要求较高。

（2）原料焯水时，一定要将其表面处理干净。

（3）刀工要精细、形态要美观。

（4）最好将清蒸菜放在蒸锅的上层，以防其被其他有汤汁、有色泽的菜肴污染。

（5）掌握好火候。蒸菜时，火候的掌握非常重要。根据原料的不同，蒸可以分为旺火沸水速蒸、中火沸水长时间蒸、小火沸水徐缓蒸三种。旺火沸水速蒸适用于质地较嫩，只要求蒸熟、不要蒸酥的菜肴；中火沸水长时间蒸适用于质地老韧、形体较大，需要蒸得酥烂的菜肴；小火沸水徐缓蒸适用于需要保持形状、色泽美观的菜肴。

（6）蒸制菜肴成菜后需要拣去葱、姜等辅料，及时上桌食用。

## 二、粉蒸

### 1. 概念

粉蒸是将原料加工切配后，用调味品拌渍，再用适量的米粉将其拌和均匀，上锅蒸熟的一种蒸制方法。

### 2. 工艺流程

选料→切配→调味→拌匀米粉→蒸制成菜。

### 3. 技术关键

（1）原料经刀工处理，大小要均匀，入味要充分。

（2）对于缺少油脂的原料，在调味时要加入适量的油脂，以保证成菜后的油润质感。

（3）用干锅将大米炒至淡黄色，晾凉后磨成细末（不可过细）。

（4）拌米粉要均匀，干湿度以原料湿润不见汤汁为准。

（5）蒸制时要一气呵成，中途不能断火或降温，否则易出现回笼水，影响菜肴质量。

## 步骤五 摆盘

将烹制好的鲈鱼加上装饰小花摆盘，如图2-3-5所示。

图2-3-5 清蒸鲈鱼摆盘

## 考核评价

清蒸鲈鱼的制作与烹调过程考核评价表

| 学习项目2-3 清蒸鲈鱼的制作与烹调 | | | | | |
|---|---|---|---|---|---|
| 学员姓名 | | 学号 | 班级 | | 日期 |
| 项目 | 考核项目 | 考核要求 | 配分 | 评分标准 | 得分 |
| 知识目标 | 鱼类原料初加工技术要求 | 掌握鱼类原料初加工技术要求 | 5 | 对鱼类原料初加工技术要求知识的考核，错一项扣1分 | |
| | 鱼类原料的各部位名称、品质特点、肌肉和骨骼分布知识 | 掌握鱼类原料的各部位名称、品质特点、肌肉和骨骼分布知识 | 10 | 对鱼类原料的各部位名称、品质特点、肌肉和骨骼分布知识的考核，错一项扣2分 | |
| | 汽导热的概念 | 掌握汽导热的概念 | 5 | 对汽导热的概念知识的考核，错一项扣2分 | |
| | 蒸的概念及技术要求 | 掌握蒸的概念及技术要求 | 10 | 对蒸的概念及技术要求知识的考核，错一项扣2分 | |
| 能力目标 | 对鱼类原料进行宰杀、清理整理等加工操作 | 掌握对鱼类原料进行宰杀、清理整理等加工操作 | 10 | 对鱼类原料进行宰杀、清理整理等加工操作，关键点不熟练，每项扣2分 | |
| | 根据鱼类原料的部位特点进行分割、取料 | 能根据鱼类原料的部位特点进行分割、取料 | 20 | 根据鱼类原料的部位特点进行分割、取料操作，关键点不熟练，每项扣5分 | |

（续表）

| 学习项目2-3　清蒸鲈鱼的制作与烹调 | | | | | |
|---|---|---|---|---|---|
| 学员姓名 | | 学号 | 班级 | | 日期 |
| 项目 | 考核项目 | 考核要求 | 配分 | 评分标准 | 得分 |
| 知识目标 | 汽导热的概念，能运用蒸的烹调方法制作常见菜肴 | 熟悉汽导热的概念，能运用蒸的烹调方法制作常见菜肴 | 20 | 熟悉汽导热的概念，运用蒸的烹调方法制作常见菜肴操作，关键点不熟练，每项扣5分 | |
| 方法及社会能力 | 过程方法 | （1）学会自主发现、自主探索的学习方法；<br>（2）学会在学习中反思、总结，调整自己的学习目标，在更高水平上获得发展 | 10 | 能在工作中反思、有创新见解，能自主发现、自主探索，酌情给5～10分 | |
| | 社会能力 | 小组成员间团结、协作共同完成工作任务，养成良好的职业素养（工位卫生、工服穿戴等） | 10 | （1）工作服穿戴不全扣3分；<br>（2）工位卫生情况差扣3分 | |
| 实训总结 | | 你完成本次工作任务的体会（学到哪些知识，掌握哪些技能，有哪些收获）： | | | |
| 得分 | | | | | |

**工作小结** ｜ 清蒸鲈鱼的制作与烹调工作小结

（1）我们完成这项学习任务后学到了什么知识和技能？提高了哪些素质？

_____

_____

_____

_____

_____

（2）我们还有哪些地方做得不够好？我们要怎样努力改进？

_____

_____

_____

_____

_____

_____

_____

_____

## 学习项目四 毛血旺的制作与烹调

### | 任务描述 |

　　某酒店厨房收到餐饮部散客点餐通知，需要制作烹调热菜毛血旺，如图 2－4－1 所示，数量为 1 份，要求 20 分钟内完成。

　　毛血旺以鸭血为主料，烹饪技巧以煮菜为主，口味属于麻辣味。毛血旺起源于重庆，流行于重庆和西南地区，是一道著名的传统菜式，这道菜是将生血旺现烫现吃，且以毛肚杂碎为主料，遂得名。毛血旺是重庆的一道特色名菜，也是重庆江湖菜的鼻祖之一，已经列入国家标准化管理委员会《渝菜标准体系》。今天我们需要和大家探讨的问题是，我们制作和烹调这道毛血旺需要掌握哪些知识和技能呢？

图 2－4－1　毛血旺

| **接受任务**

热菜配份出餐表如表2-4-1所示。

表2-4-1　热菜配份出餐表（毛血旺）

| 菜名 | | 毛血旺 | 出餐时间 | 20分钟 |
|---|---|---|---|---|
| 台号 | | 18号台 | 装盘要求 | 热菜盘，摆盘精美 |
| 调味品及要求 | | 食盐、花椒、干辣椒、料酒、大葱、植物油、火锅底料、高汤等 | | |
| 序号 | 主料 | 数量 | 辅料 | 数量 |
| 1 | 鸭血 | 500 g | 鳝鱼 | 200 g |
| 2 | | | 牛百叶 | 200 g |
| 3 | | | 黄喉 | 200 g |
| 4 | | | 午餐肉 | 200 g |
| 5 | | | 黄豆芽 | 200 g |
| 6 | | | 干木耳 | 50 g |
| 7 | | | 莴笋 | 200 g |
| 8 | | | 生菜 | 250 g |

 | **任务实施**

任务明确，可以开始工作了！

## 步骤一　岗前准备

按照要求进行个人卫生、着装、仪容仪表和操作环境准备。

## 步骤二　食材的初加工

（1）取鸭血和午餐肉各200 g，切成1 cm厚、4 cm见方的片，如图2-4-2（a）、2-4-2（b）所示。

（2）鳝鱼宰杀清洗干净后，切成约5 cm长的小段待用，如图2-4-2（c）所示。

（3）取牛白百叶约200 g，洗净，切成梳子形的细丝待用，如图2-4-2（d）所示。

（4）取牛黄喉约200 g，洗净，切成5 cm长小段待用，如图2-4-2（e）所示。

（5）取干木耳约50 g，温水发泡后洗净待用，如图2-4-2（f）所示。

（6）取黄豆芽约200 g，掰去根部洗净待用。

（7）取莴笋约200 g，去皮后洗净，切成片待用。

（8）取生菜约250 g，洗净后放入餐盆中备用。

（9）干辣椒切成 1 cm 长的小段，大葱切斜丝，小葱洗净切碎，蒜和姜适量切片待用。

（a）　　　　　　　　　（b）　　　　　　　　　（c）

（d）　　　　　　　　　（e）　　　　　　　　　（f）

图 2-4-2　食材的初加工

（a）鸭血片；（b）午餐肉；（c）黄鳝段；（d）牛百叶丝；（e）牛黄喉段；（f）发泡后的木耳

## 知识链接一　冷冻原料的初加工

餐饮企业因经营活动需要，需对部分烹饪原料进行冷冻备用。加工冷冻原料前必须进行科学解冻处理，才能使烹饪原料恢复新鲜、软嫩的状态，尽量减少汁液流失，保持风味和营养，从而符合菜肴制作要求。

### 一、冷冻原料的解冻

当原料被冷冻时，原料中的水会结成冰，其体积平均可以增加 10%，由于体积膨胀，冰晶容易刺破原料的细胞，破坏原料原有的质地构造。为了减少冷冻过程中原料水质的构造被破坏，原料进行冷冻时，往往要采用低温速冻的方法，因为低温速冻会使原料中的水形成微细的冰晶，并且均匀地分布在原料的组织细胞内，这样原料的组织细胞才不会变形破裂，在原料解冻时，其细胞液才不会大量流失。而当原料缓慢冻结时，细胞中的水会结成较大的冰晶，从而使组织细胞极易受挤压而发生破裂，冰晶融化成的水不能再渗入细胞内，造成原料中的营养物质大量流失。

在烹饪加工前必须将冷冻原料解冻。所谓解冻就是使冻结原料内的冰晶融化，原料由冻结状态逐渐软化成生鲜状态的过程。冻结原料在解冻过程中，冰晶会发生下列变化：

（1）由于冰晶对原料细胞的损伤，原料解冻后细胞内的汁液容易流失，而在水中进行解冻，还会使原料的水溶性维生素成分溶于水而造成流失；

（2）由于温度的上升，原料表面水分蒸发的速度会加快，致使原料的重量减轻；

（3）由于温度的上升，原料细胞中酶的活性会增强，氧化作用也会加速；

（4）微生物生长繁殖的速度会加快。当原料在解冻过程中出现以上所述情况时，对保持原料的品质是不利的，因此我们在解冻时，就应该采取适当的处理方法，将原料解冻时的不利变化降到最低程度。

1. 自然解冻

自然解冻法指的是将冻结的原料放在0~3℃的条件下缓慢地解冻。这种解冻的方法不仅让肉汁流失最少，而且使风味物质保存得最多，不过解冻时间较长。在实际操作中，我们可以将冻结的原料提前12小时从冷冻室转入冷藏室或者冷藏柜内，这样既能节约能源，又能达到自然解冻的目的。

2. 流水解冻

流水解冻法就是用流动的水冲淋冻结的原料，利用水的温度和冲击力，使冻结原料的冰晶融化而解冻。解冻的速度与水流的大小和水温的高低有关。这是烹饪行业中运用最多的一种解冻方法，其优点是比自然解冻速度更快，避免了原料在解冻过程中因为水分的蒸发而导致重量减轻和表面变粗糙；与此同时，还可以抑制酶的活性，降低氧化作用，清除原料当中的污物，抑制微生物的生长繁殖。不过流水解冻法也有缺点，因为原料浸泡在清水当中，而且是用流水冲淋，原料内部冰晶融化的汁液会随着水流失，原料当中的水溶性成分也会因为溶于水而流失，由此便造成原料的风味减弱；原料因为吸水而导致重量增加2%~3%，对于这样的原料，在上浆和制馅时，都应当考虑水分增加的因素。

3. 加温解冻

加温解冻法可以分为热空气解冻、蒸汽解冻、热水解冻以及热金属器皿解冻。用这种解冻方法虽然解冻的速度比较快，但是肉汁流失会比较多，肉的颜色会变淡，风味会减弱。这其中的原因在于：原料在冷冻的过程中，其细胞组织汁液形成肌肉纤维之间的冰晶，这种冰晶富含营养物质，如果采用加热解冻的方法，冰晶会很快融化成汁液析出而白白流失掉；另外，如果加温解冻的温度过高，就会导致蛋白质变性，致使肉的颜色变淡，从而使烹制出来的菜肴失去原有的特色。

4. 微波解冻

微波是一种高频率的电磁波，本身并不产生热量，它是利用原料自身分子在微波场的作用下调整并反复震荡，分子之间不断反复摩擦产生热量而解冻的。其热量不是由外部传入的，而是从原料内部产生的。原料解冻后仍然保持原有的结构和形状，外观无变化，解冻迅速，效果好。微波解冻能较好地保存原料的营养和风味，操作简单，解冻速度快，不容易受到微生物的污染，是一种理想的解冻方法。不过用这种方法每次解冻的数量有限，所以目前多见于家庭用微波炉对少量冷冻原料进行解冻。

### 二、冷冻原料解冻后的保管

原料经过冻结之后表面会发生变色、变硬的现象。如鲜虾经过冷冻后，虾体会失去光泽，而变成褐色或出现黑色斑点。这是因为虾肉蛋白质中含有较多的酪氨酸，同时在虾肉组织中还含有酪氨酸氧化酶，它对酪氨酸有催化氧化作用。鲜虾在储存过程中，酪氨酸在氧化酶的催化下发生氧化聚合生成黑色素，该色素不溶于水、酸和脂肪，因而沉淀在虾壳表面。该色素容易被过氧化氢氧化漂白，但一般认为用维生素 C 或亚硫酸氢钠浸泡效果较好。如在冷冻前，可将鲜虾用水洗干净，浸入 1.25% 的亚硫酸氢钠水溶液中，1 分钟之后取出沥干水再冷冻，即可防止黑色素的产生。也可以用1% 的维生素 C 水溶液浸泡 1 分钟来防止变色。

冷冻原料应当解冻到什么程度？最好是半解冻状态。所谓的半解冻状态，就是指将冻结的原料温度提高到最大冰晶生成带的温度（−1 ~ −5 ℃）就中止解冻，在随后的加工过程中，再使原料完全解冻。处于半解冻状态的原料，由于结冰率小，原料的硬度恰好能用刀切割，所以不仅方便加工和切配，而且汁液流失也比较少。

冷冻原料解冻后，最好马上进行加工烹调。冷冻原料一经解冻，就不宜再次冷冻了，因为原料在冷冻时大多没有进行过充分的洗涤和消毒，虽然冷冻可以消灭原料中大量的细菌，但不能达到完全杀菌的目的。另外原料解冻时流出的汁液，也为微生物生长繁殖提供了养料，使得原料内部微生物繁殖加快。

原料解冻应当注意清洁卫生，防止污染。不管是用自然解冻法，还是用流水解冻、加温解冻、微波解冻等方法，都应当先将冻结原料用保鲜膜密封好以后再进行。

### 知识链接二　食用菌类、干菜类等常见的干制植物性原料涨发加工

食用菌类、干菜类等干制植物性原料因具有特殊的风味，在烹饪中应用广泛，并受广大消费者喜爱。这类原料在干制过程中失去了部分水分而干、硬、韧，因而在使用前须进行涨发，以达到烹饪要求。

#### 一、干货原料概述

干货原料又称干货、干料，是指由鲜活的动植物性原料经过加工、脱水、干制而成的原料。其特点是含水量很低，组织紧密，具有干、老、硬、韧的特点，不能直接烹调或食用。干货原料在烹调前必须先进行涨发，尽可能使其恢复到原有的鲜嫩、松软状态，以达到烹调与食用的要求。

干货原料品种较多，特点各异。其分类的方法也较多。根据干货原料的性质和特点进行分类，一般可将干货原料分为动物性干货原料和植物性干货原料两大类。其中，动物性

101

干货原料又可分为陆生动物性干货原料、水生动物性干货原料和其他类干货原料；植物性干货原料又可分为干菜类干货原料、食用藻类干货原料、食用菌类干货原料和食用药材类干货原料。

干货类烹饪原料在烹饪中主要用作菜肴的主料，有时也作为配料使用，以增加菜肴原料的品种，还可以作为特殊风味原料使用，增加菜肴特色，也可作为调色料或调香料使用。

### 二、水发加工概述

水发是利用水的浸润能力，使已脱水的干料重新吸收水分而恢复软嫩状态的涨发加工方法。除了有黏性、油质及表面有皮鳞的原料外，无论油发或碱发，都需要与水发相结合，即先经过浸泡或浸漂的过程。因此，它是最普遍、最基本的发料方法。水发又可分为冷水发和热水发两种。

### 三、水发的技术要求

涨发的过程中，我们要根据原料的特性把握以下几个原则。

1. 尽量保持原料原有的特性

在冷水中能够涨发好的干料，尽量在冷水中涨发。用冷水涨发可以减缓高温所引起的物理变化和化学变化，如香气的逸散、呈味物质的浸出、颜色的变化等。在冷水中难以发好的干料，或要加快水发速度，则可以用热水涨发，但是它造成的营养成分的损失和色香味的变化要比冷水涨发大得多。对香味比较突出的原料，如香菇，应该尽量用冷水涨发。

2. 根据原料的特点选择合适的涨发方法

因为干货原料的产地、季节、加工方法不同，所以选择的涨发方法也多种多样。具体干货原料适合哪种方法，应该根据其成分、结构、干制时所用的方法、干燥程度、杂质含量而定，这样才能收到理想的涨发效果。如木耳、香菇适合冷水涨发，干贝适合蒸发等。

3. 掌握操作程序，控制涨发程度

有些干货原料涨发容易，程序简单，如香菇类，只需要用冷水浸泡，去伞柄洗净即可。但是有些干货原料，涨发加工程序繁复，颇费功夫。在操作过程中，要认真对待涨发过程中的每一个环节，熟悉掌握各个环节的涨发技术。

如干货原料在涨发时，逐步回软，因此在除污去杂时一定要小心谨慎，尽量不要破坏原料原来的形体，不要把一些易碎易断的原料弄得支离破碎、凌乱不堪。在浸泡时，还必须注意容器要干净清洁，不能用沾有油腻、污垢的锅浸泡或者漂洗，以免影响菜肴原料的质量。尤其是对一些名贵的干货，更需要认真对待。

### 四、水发加工的种类

**1. 冷水发**

把干货原料放在冷水中，使其自然吸收水分，尽量恢复到新鲜时的软、嫩状态，这种发料方法就叫冷水发。冷水发可分为漂和浸两种，但主要是浸。"浸"就是把干料放进冷水中浸泡，使其吸收水分而涨大回软，恢复原形，或浸出其中异味。对于体小质嫩的干货，如冬菇、竹荪、黄花、木耳等宜采用冷水浸泡的方法。对于体大质硬的干货，在用碱水发和热水发之前，也要用冷水浸泡一段时间，以提高发料的效果。"漂"是一种辅助的发料方法，往往用于整个发料过程的最后阶段，就是将煮发、较困难碱发、盐发过的带有腥气、碱气的原料放入冷水中，不断地用水漂，以清除其异味和杂质。如在煮发海参、鱼皮等之后，要用冷水漂去其碱分；在盐发或油发肉皮、鱼肚等之后，要用冷水漂去其油分或盐分等。

**2. 热水发**

把干货原料放在热水中用各种加热方法促使原料加速吸收水分，涨大回软，成为松的全熟或半熟的半成品，这种发料方法叫热水发。热水发一般可分为以下四种。

（1）泡发。泡发就是将干料放入沸水或温水中浸泡，使其吸水涨大。这种方法适用于体小质嫩的或略带异味的干料，如鱼干、银耳、发菜、粉条、脱水干菜等。

（2）煮发。煮发就是将干料放入水中煮，使其涨发回软。这种方法适用于体大质硬或带泥沙及腥臊气味较重的干料，如海参、鱼皮等。

（3）焖发。焖发是和煮发相结合的一种涨发操作过程。经煮发又不宜久煮的干料，当煮到一定程度时，应改用微火或倒入盆内，或将煮锅移开火位，盖紧盆（锅）盖，进行焖发。如海参等都要又煮又焖，才能发透。

（4）蒸发。蒸发就是将干料放在容器内加水上笼蒸制，利用蒸汽传热，使其涨发，并能保持其原形、原汁和鲜味，也可加入调味品或其他配料一起蒸制，以提高质量。如金钩、鲍鱼、干贝等都需要蒸发。

还应指出，在用热水发料之前，必须先用冷水浸泡和洗涤，以便热发时能缩短发料时间，提高原料的质量。热水发料对菜肴品质影响很大，如果原料涨发不透，制成的菜肴就僵硬而难以下咽。反之，如果涨发过度，制成的菜肴就过于软烂。所以，必须根据原料的品种、大小、老嫩等具体情况和烹调的实际需要，分别选用不同的水温和涨发形式，并掌握好发料时间和火候，以达到最佳热水涨发原料的效果。

热水发料是广泛应用的涨发方法之一，适用于绝大部分肉类干制品及山珍海味干制品。

### 五、常见植物性干货水发实例

**1. 木耳**

干木耳既能用冷水发也能用热水发。用热水发，由于温度高，水分在干料中扩散、吸附的速度快，加快了涨发速度，缩短了发制的时间。用热水发制的木耳能基本发透，但是质地不够脆嫩，风味不佳，因为原料干制后，组织细胞干瘪，质地变得干硬，吸收水分比较困难，要想恢复到原来新鲜的状态，需要一定的时间，若用热水急发，时间短，吸水不足，且水的温度过高会使组织内部果胶物质水解，形成果胶酸，从而失去木耳本身的新鲜脆嫩，同时还会使原料细胞破裂，无法吸水，以致原料变烂，出品率低。因此，干木耳最好采用冷水进行缓慢发制。先将干木耳杂质拣净，放入冷水内（急用时可用温水）泡 2~3 小时，逐个摘去根，再用冷水漂洗干净备用即可。木耳的涨发率可达 250%~450%。

2. 香菇

先用冷水浸泡香菇，待其回软后剪去菇柄，用清水洗干净，并浸泡在清水中备用。其涨发率可达 250%~300%。

在浸泡过程中，香菇的可溶性物质会逐渐溶解到水中，因此第二次浸泡的香菇水中会含有一定量的呈鲜和营养物质，所以第二次浸泡香菇的水不宜倒掉，澄清后用于烹调，既可以增加菜肴营养，又能使菜肴味道更加鲜美。

3. 莲子

将干莲子清洗后放在锅内，加入清水（水盖过莲子），加热至沸腾后转小火煮约 5 分钟后捞起，再换清水，水盖过莲子上笼蒸熟（不宜蒸烂，要保持原形），即可发透。

4. 白果

先将白果放入锅内用中小火炒至外壳变脆，用刀拍破外壳，取出果仁，放入开水内煮约 10 分钟，捞出放在洁净的白布内，用手搓去皮膜，再放入开水中余一下，捞出净白果仁入盘，加开水上笼，用旺火蒸约 15 分钟，取出捞起，用竹签捅出白果的芯芽，再用开水余过，捞起用水浸泡备用。

5. 笋片、笋干

笋片和笋干都是用新鲜竹笋经过脱水干制而成的，质地干硬，色泽洁白或略带黄色。新鲜竹笋组织中含有黄酮类物质，它可以与铁、铝等金属结合，生成蓝色、蓝黑色、蓝绿色、棕色等不同颜色的结合物。因此煮发干笋片、笋干时，不宜用铁锅、铝锅，否则会使发制的笋片、笋干色泽变得灰暗，影响成品质量和口感。煮发时最好使用不锈钢、陶瓷锅或者搪瓷锅。

（1）笋片。先用开水或热米汤泡 10 小时，用手捏搓，使其疏松，再放入冷水锅中煮沸，煮开后转用文火煮约 10 分钟关火泡至水凉，换水再煲至水开，浸泡至笋片发透取出，浸泡水中，使用时捞出即可。

（2）笋干。先用淘米水洗净笋干，再用米汤或开水煮沸，加热几次即可发透，再用开水浸泡备用，夏天须多汆几次，使用时取出，切去老茎即可。

## 步骤三　食材的加工制作

锅中放入适量水，大火烧沸后放入鸭血片、鳝鱼段、黄喉段和牛白百叶丝汆煮约 2 分钟，去除杂沫，捞出沥干水分备用，如图 2 - 4 - 3 所示。

图 2 - 4 - 3　毛血旺的加工制作

## 步骤四　烹饪制作

（1）锅中放入适量食用油，待烧至五成热时放入蒜片、姜片和大葱丝炒香，随后放入黄豆芽和适量食用盐，大火翻炒约 3 分钟，盛入盆中作底菜。

（2）将火锅底料放入锅中，大火炒化后倒入料酒和高汤，烧沸后放入鸭血片、鳝鱼段、黄喉段、白百叶丝和午餐肉，如图 2 - 4 - 4 所示。

（3）再次烧沸后继续烧煮 5 分钟，然后盛入餐盆中。

（4）另起锅，锅中加入适量食用油，待烧至四成热时，将干辣椒小段和花椒放入，转小火慢慢炸出香味，最后淋入盆中，撒入小葱碎末即可，如图 2 - 4 - 5 所示。

图 2 - 4 - 4　加入备用食材

图 2 - 4 - 5　炒制淋油香料

## 步骤五 摆盘

将烹制好的毛血旺盛盘，加工制作完成，如图2-4-6所示。

图2-4-6 毛血旺烹制完成

### 考核评价

**毛血旺的制作与烹调过程考核评价表**

| 学习项目2-4 毛血旺的制作与烹调 | | | | | | |
|---|---|---|---|---|---|---|
| 学员姓名 | | 学号 | | 班级 | 日期 | |
| 项目 | 考核项目 | 考核要求 | 配分 | 评分标准 | | 得分 |
| 知识目标 | 加工制品类原料的品质鉴定及清洗技术要求 | 掌握加工制品类原料的品质鉴定及清洗技术要求 | 15 | 对加工制品类原料的品质鉴定及清洗技术要求的知识考核，错一项扣3分 | | |
| | 水发加工的概念及种类 | 掌握水发加工的概念及种类 | 10 | 对水发加工的概念及种类知识的考核，错一项扣2分 | | |
| | 掌握食用菌、干菜类等常见的干制植物性原料的品质鉴定及水发技术要求 | 掌握食用菌、干菜类等常见的干制植物性原料的品质鉴定及水发技术要求 | 15 | 对食用菌、干菜类等常见的干制植物性原料的品质鉴定及水发技术要求的知识考核，错一项扣3分 | | |
| 能力目标 | 对豆制品、火腿等加工制品类原料进行清洗加工 | 能对豆制品、火腿等加工制品类原料进行清洗加工 | 20 | 对豆制品、火腿等加工制品类原料进行清洗加工操作，关键点不熟练，每项扣5分 | | |
| | 对食用菌、干菜类等常见的干制植物性原料进行水发加工 | 能对食用菌、干菜类等常见的干制植物性原料进行水发加工 | 20 | 对食用菌、干菜类等常见的干制植物性原料进行水发加工操作，关键点不熟练，每项扣5分 | | |

（续表）

**学习项目2-4 毛血旺的制作与烹调**

| 学员姓名 | | 学号 | | 班级 | | 日期 | |
|---|---|---|---|---|---|---|---|
| 项目 | 考核项目 | 考核要求 | | 配分 | 评分标准 | | 得分 |
| 方法及社会能力 | 过程方法 | （1）学会自主发现、自主探索的学习方法；<br>（2）学会在学习中反思、总结，调整自己的学习目标，在更高水平上获得发展 | | 10 | 能在工作中反思、有创新见解，能自主发现、自主探索，酌情给5~10分 | | |
| | 社会能力 | 小组成员间团结、协作共同完成工作任务，养成良好的职业素养（工位卫生、工服穿戴等） | | 10 | （1）工服穿戴不全扣3分；<br>（2）工位卫生情况差扣3分 | | |
| | 实训总结 | 你完成本次工作任务的体会（学到哪些知识，掌握哪些技能，有哪些收获）： | | | | | |
| | 得分 | | | | | | |

 | **工作小结** | 毛血旺的制作与烹调工作小结

1. 我们完成这项学习任务后学到了什么知识和技能？

_____

_____

_____

_____

_____

_____

_____

_____

_____

2. 我们还有哪些地方做得不够好？我们要怎样努力改进？

_____

_____

_____

_____

_____

_____

_____

_____